普通高等院校城乡规划专业系列规划教材

建筑美术基础

JIANZHU MEIXUE JICHU

主 编 刘 虎 袁 琨 董娅娜
主 审 李素英

中国建材工业出版社

图书在版编目（CIP）数据

建筑美术基础 / 刘虎，袁琨，董娅娜主编 . —北京：
中国建材工业出版社，2015.8（2023.8重印）
普通高等院校城乡规划专业系列规划教材
ISBN 978-7-5160-1260-4

Ⅰ.①建… Ⅱ.①刘… ②袁… ③董… Ⅲ.①建筑艺
术—高等学校—教材 Ⅳ.①TU-8

中国版本图书馆 CIP 数据核字（2015）第 180861 号

内 容 简 介

本书针对城乡规划、建筑学、风景园林设计等相关专业非艺术类理工科学生普遍缺乏美术基础的问题，按照学科特点和学生的分析、认知规律，以实际、实用、实践为出发点进行编写。将"审美培养"作为全文的主线，将"分辨美、发现美、创造美"贯穿每一个章节。采用素描、色彩、速写的表现方式训练学生的审美意识和审美感受，培养学生的审美修养及表达能力。

本书内容简明实用，并引用了一些名师作品进行解读，从基础知识入手，以深入浅出的方式系统地阐述建筑美术的基础分类及绘画方法步骤，强调理解规律和造型训练，适合作为职业教育建筑装饰、建筑学、城乡规划、风景园林设计等专业教材，也可作为美术爱好者自学用书。

本书有配套课件，读者可登陆我社网站免费下载。

建筑美术基础

刘 虎 袁 琨 董娅娜 主编

出版发行：中国建材工业出版社
地   址：北京市海淀区三里河路 11 号
邮   编：100831
经   销：全国各地新华书店
印   刷：北京印刷集团有限责任公司
开   本：787mm×1092mm 1/16
印   张：9.25
字   数：230 千字
版   次：2015 年 8 月第 1 版
印   次：2023 年 8 月第 4 次
定   价：46.00 元

本社网址：www.jccbs.com.cn   微信公众号：zgjcgycbs
本书如出现印装质量问题，由我社网络直销部负责调换。联系电话：（010）57811387

前　言

PREFACE

　　《建筑美术基础》属于全国高等院校建筑学科类的专业基础课程。目前国内开设建筑美术课程的专业主要包括理工类的建筑学，农林类的风景园林设计、城乡规划以及各级美术类院校的艺术设计，虽然课程名称、专业性质、教学目标各有不同，但整体来说都属于同一个造型基础课的范畴。

　　本教材是针对大学本科建筑学科专业基础课程教学大纲进行编写的。这些基础课程包括素描、色彩、钢笔画以及与这些科目相关的理论课程、实习写生课程。教材遵循理论与实践相结合，由浅入深编写的原则。全书共9章，其中第2章对透视进行介绍，第3章到第8章，阐述了以上三个科目的理论以及实践方法。为了便于初学者起步理解，作品内容涵盖了部分学生作品以及当代国内的一些名师作品用以对比分析。在各章节和最后一章的作品范例中收录了部分当代老、中、青名师作品，希望学生从赏析中得到启迪，以提高艺术修养，并最终转化到设计实践中去。

　　艺术本不可拘泥于形式，实践出真知。本书介绍的造型塑造仅为一家之言，疏漏之处希望各位专家同仁以及广大读者提出宝贵意见。对于初学者来说，本书将艺术的表达运用理性的方法来分解，目的是为广大的建筑类专业学生提供一个认知过程和实践方式。

　　本书由北京林业大学园林学院教师刘虎、袁琨及太原科技大学教师董娅娜主编，湖北美

建筑美术基础

术学院张一舟、太原画院尚建军参与编写，具体编写工作如下：刘虎负责第 1 章、第 5 章、第 6 章、第 8 章（8.4、8.5、8.6），袁琨负责第 3 章、第 4 章，董娅娜负责第 2 章、第 7 章（7.1、7.2、7.3），尚建军负责第 7 章（7.4、7.5），张一舟负责第 8 章（8.1、8.2、8.3），全书由刘虎统稿。本书引用了部分当代名师作品和精品教学范例，封面画作由张一舟提供，学生作品由北京林业大学本科学生范蕾、高宇、高珊、魏敏、王诗潆、严庭雯、栾剑桥、马艺菲、时蕙、翁琪萱、李江霞等提供，在这里表示真诚的感谢。中国建材工业出版社章曲女士为本书责任编辑，在本书出版过程中给予了大力支持，在此致谢。

由于编者水平有限，书中难免存在不妥之处，真诚地希望广大读者批评指正。

编 者
2015 年 7 月

目 录

建筑美术基础

第1章
建筑美术概述

　　普通高等院校建筑美术课程是伴随着与之相关的专业（包括建筑学、风景园林设计、城乡规划、艺术设计）而开设的。早在国内一些高等建筑院校成立之初就将美术课程纳入基础教学体系，旨在培养建筑相关专业学生综合设计的视觉表达能力，美术课程作为一门建筑学科相关的必修基础课程发展了至今。美术课程在与建筑相关专业的发展磨合过程中取得了巨大的成绩，但也突现出了一些与时俱进的现实的问题。

　　国内围绕高校建筑学科的美术基础教学改革具有很强烈的争议。争议点主要有以下两方面：一方面认为基础教学框架仍停留在"巴黎博扎学院式"的学院派的教学时代。建筑以及相关设计学科的美术基础教学过于传统，仍然沿用我国著名建筑大师梁思成、杨廷宝所创立的建筑美术教学体系，这种教学体系有着很浓厚的美术色彩。这是由于在他们留学于美国宾夕法尼亚大学建筑系时，所接触到的是借鉴美术学院基础绘画的设计教学体系，由于这些大师在当时都没有接触到包豪斯式的课程教育，直接导致我国近代建筑类学科的基础课程更偏重美术，使中国近代建筑基础教学与现代设计失之交臂。而另一方面，由于多方面推动的教学改革，目前教学研究内容要吸收瑞士巴塞尔设计学校的"结构分析素描"、康定斯基在包豪斯学院开设的"图画分析"课程，保罗克利的"形式"课、贡布里希的"形式分析"、阿恩海姆的"心理—视觉形式分析"、瓦尔保学派的"图学分析方法"等等抽象练习、个性化表现、数理的分析等多种模式，这种改革多头冒进，甚至同一学院各个老师的教授方式都千差万别，导致对于建筑类基础学科缺乏评价标准，教学纲要很难达到统一。

　　建筑美术基础教学与美术教学的共同点在于审美的认知与培养，建筑师的成长道路上，建筑审美能力的培养来自多方面的渲染与渗透。建筑学里的比例尺度、体量空间、阴影透视，以及理性的秩序、数列、透视等基本语义和内涵均与艺术的造型语汇相通，应该广泛的吸收。在培养建筑师的过程中，建筑美术基础的训练和创作仍是很必要的环节，除了对于建筑审美能力的培养之外，笔者认为对建筑美术基础教学目的和基本方法及其体系的缺乏，导致初期在接触美术课程缺乏明确的目的性，或流于形式，有待于完善。首先要明确建筑的实用功能性，建筑美术课程最终的目的是要转化为设计师展示设计思维的手段；其次，建筑所体现的是空间的概念，它不仅要充分体现建筑师丰富的想象力，更需要通过对美的认知来渲染出建筑所具有的品质和情调，借以传达深层的人文气息，所以它又是充满感情的艺术。这就要求我们在培养学生的过程中不仅要注重艺术修养、审美意识和创造能力，而且作为教与授的传播者同样要适应新的形势、要学习运用新概念的教学内容与教学方法，重构建筑美术教学思路。

第 2 章
透视基本原理

　　透视是观察物质存在于空间的普遍视觉原理。对于建筑美术基础，透视是指在平面的画纸上研究和描绘物体空间关系的方法和技术。

　　关于透视的原理，在制图基础课程中有详细的解释，在本章节中所关注的是建筑美术基础类相关课程透视原理与经验的结合。透视要解决的基本问题是视点、画面构图与建筑物三者之间的相对应位置关系，如果这三者的相对应位置关系处理不当，透视必然失真。在建筑美术基础中，透视是所有科目最重要的前提，也是所有绘画表现的基础认识。建筑美术学习目的最终是要将立意与设计相结合，运用到实际的空间中去。在画面描绘涉及的建筑内、外部空间以及建筑主体与周围配景之间的空间关系，这些空间的层次关系表达如果没有正确的透视作为骨架支撑，无论画面单体表现力有多强，画面内容之间的空间关系也会违背视觉规律，缺乏场地立体概念的基本认知，形成错乱的透视关系，这样的练习也就变得毫无意义了。

2.1　建筑美术写生类科目透视与画法几何透视

　　近大远小、近高远低、近实远虚是所有造型艺术要遵循的一般透视规律。在建筑学、风景园林设计学、规划学三个大的学科中，一般本科一年级课程都包括制图基础课程，由于这些学生大都是全日制理科生，大部分学生以前没有任何的美术基础，比如在建筑钢笔画透视这门课程中，往往会运用画法几何的透视方法，这种方法太过于繁琐，根本不适合场景写生的需求。针对这个学生群体，在透视中要有取有舍，抓大放小。在素描、色彩、钢笔画写生中，只要做到准确即可，不要求精确，也就是说，要遵循整体的透视规律，又要根据画面进行有经验的主观表达。如图 2-1 所示，在描绘静物或建筑场景时，首先主要观察内容主体的长宽高以及周围环境大的比例关系，在构图中保证画面主要的透视线准确，而细节内容在初期可以先忽略，在中后期刻画时可以根据已确定的主体内容用前后左右对比来确定即可。总之，建筑美术科目所涉及的写生内容是一个对真实场景的艺术升华过程，应该灵活、生动地运用对透视基本原理的理解和经验来经营组织画面空间，在写生描绘中，对于画面内容透视的理解不要求精确，准确即可。

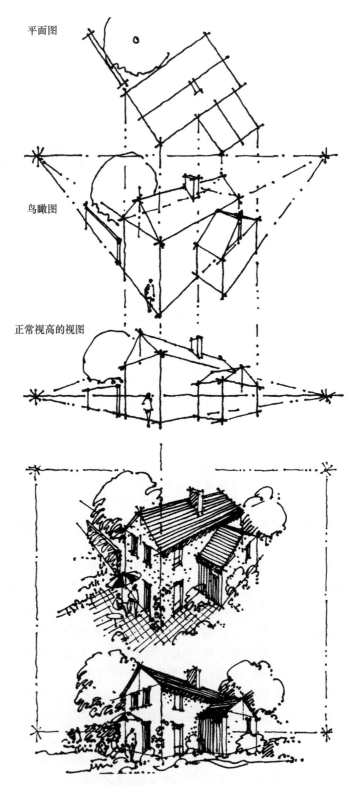

平面图

鸟瞰图

正常视高的视图

图 2-1 场景透视快速表现 狄卡尔·普林茨（德）

2.2 透视的基本概念

透视具有消失感、距离感，相同大小的物体呈现出有规律的变化，空间中同样体积、面积、高度和间距的物体，随着距画面远近的变化，在透视图中呈现出近大远小、近高远低、近宽远窄、近疏远密的特点。那么接下来我们对透视的一般性概念进行介绍。如图 2-2 所示。

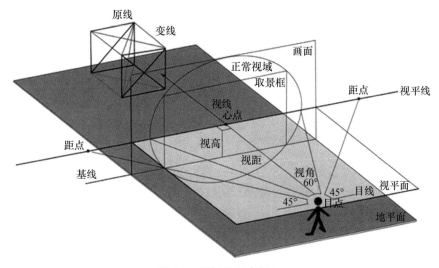

图 2-2 透视的基本概念

（1）视域：当描绘者不转动自己的头部，眼睛所看大前方的场景内容是有一定范围的，生理角度在 60°以内，实际描绘中 30°至 40°最佳。

（2）视点：包括在平面图上确定的站点的位置和绘图者在画面空间中确定的视平线的高度。视点的选择要确定画面中大小比例在构图中协调。比如在建筑写生时要将所描绘的主体设定在观者舒服的生理视角范围以内，也就是说在描绘画面中，视点始终保持在一个角度范围以内，在构图中能够充分体现建筑主体与主要配景的造型特点。

（3）视高：视平线与基线之间的距离，一般可以按照人的身高来确定。在实际的描绘中往往将视高提高或降低用以强调画面的表现力。视点的远近、视高的变化直接影响到画面透视的变化。图 2-3 为近距离的仰视图，建筑透视较大，画面显得宏伟而富有张力。

（4）基面：放置物品的水平面。

（5）基线：画面与基面的交线。

（6）视平线：与眼睛一条等高水平线上，在透视图中一般设为字母 h。提高或降低视高对构图有直接的影响。当视平线提高，透视和构图在画面中会比较开阔，在表达建筑群及鸟瞰时常用。当视平线降低时，建筑主体透视给人高耸的情感，在强调建筑特征时常用。画面视平线高低的选择要根据所表达内容需要变化，最常见的写生视平线略低。在这里要注意，构图中视平线的位置不宜放在画面正中高度，这样容易导致构图上下均等，画面呆板。

图 2-3　近距离仰视图

2.3　透视的基本方法

2.3.1　一点透视法

一点透视也称为焦点透视或平行透视，如图 2-4 所示。画面与地平面为垂直关系，视点位于前方，以建筑物为例，建筑的一个主立面与画面平行，也就是说这个立面两组主要的轮廓线平行于画面时，这两组平行的主轮廓线在透视中没有灭点，而与画面垂直的第三组轮廓线的所有内容消失在一个灭点上。这种透视画面会显得均衡、稳定，画面空间进深感强烈。如图 2-5 所示。

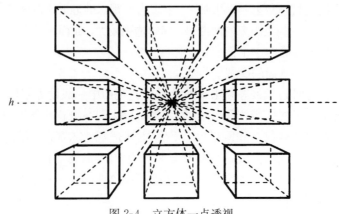

图 2-4　立方体一点透视

图 2-5 建筑一点透视实例

2.3.2 两点透视法

两点透视也称为成角透视或建筑师法。建筑的长度方向与宽度方向均与画面不平行，这个两个方向的直线在透视图中分别消失在视平线的两个灭点上，这种透视构图有强烈的空间感，自由，活泼，在写生表达中要注意视角的选择，可以主观上将两个灭点预判设置得远一些，这样可以避免透视角度过大，透视变形的问题，如图 2-6 所示。

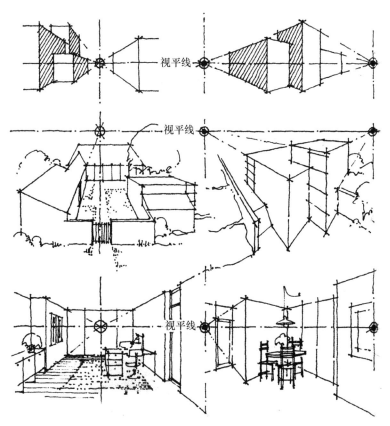

图 2-6   一点透视和两点透视比较 狄卡尔·普林茨（德）

2.3.3 三点透视法

三点透视在建筑描绘中，透视变化较大，一般表现建筑高耸的个性，仰视图居多，所要注意的是第三个灭点，与消失在视平线上的两个灭点为垂直关系，第三个灭点消失在天空或地面中。如图 2-7 所示。

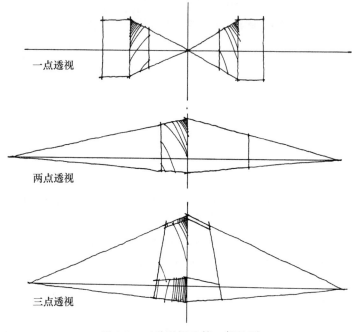

一点透视

两点透视

三点透视

图 2-7 三种透视比较   胡艮环

2.3.4 网格透视法

在建筑物或场地的平面图中，按一定比例画出由小方格组成的网络，网格大小、多少根据平面图的复杂程度而定，内容越准确，网格密度越高。我们在描绘建筑群鸟瞰时，采用网格法绘制透视更为方便。这种透视方法尤其用在规划或风景园林设计这种场地形式的设计中，表达内容包括建筑、道路、广场、植物、水体等，内容较多，透视轮廓复杂，通常运用网格法绘制。用这种方法绘制鸟瞰时，首先要做网格整体的透视，以方格来确定景物位置、体积关系。如图 2-8 所示。

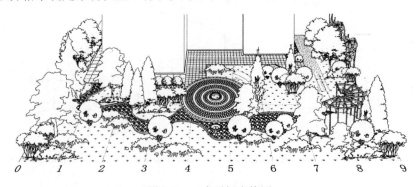

图 2-8 一点透视方格网

2.4 常见的几何体透视画法

2.4.1 平面正方形的形体转变

1. 圆形透视

圆形透视是依靠正方形透视体现的，在画圆形或圆柱体透视时，必须用立方体的透视形。无论哪种透视正方形内表现圆形，都是由平面上的正方形来决定的。最常见的方法为，画一个正立方体的透视形，再沿两边对角画两条对角线相交的四个点，共得到八个点，根据近大远小的透视原理，连接这八个点，所画的半圆弧近处大，远处小。无论圆形或圆柱怎样变化都要回归到正方形透视中来。如图 2-9 所示。

图 2-9　圆形透视

2. 正三角形透视

正三角形透视依靠圆形来体现，在圆形确定好之后，在圆形半径中 OA 线上一半处定一个 E 点，并通过该点画出与 OA 线垂直的一条直线，分别与圆形中的 B、C 点相交，然后连接 B、D 和 C、D 点，就得到正三角形的透视。如图 2-10 所示。

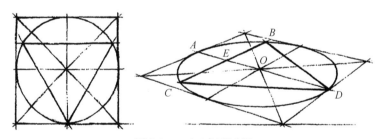

图 2-10　正三角形透视

2.4.2 立方体形体转变

1. 圆锥体透视

圆锥体透视需要先画出一个透视圆形，通过圆心画一条垂直线，以圆心为中心，垂直延伸至所需要的高度定一个点，再以该点出发向透视圆形两边画直线，并画出圆锥面上四个方向的直线，得出圆锥体的坐标位置，圆锥的轴线与圆形最宽处成 90° 夹角，得到一个圆锥体。如图 2-11 所示。

2. 三棱锥体透视

三棱锥体需求平面为等边三角形，按照前面所述，先做出透视正方形及圆形，以正三角形的中线点垂直画直线，根据需求高度定点，然后通过该点向三角形的三个角画直线，得到三棱锥体。如图 2-12 所示。其他四棱锥体依次类推，参照以上方式可以得出。

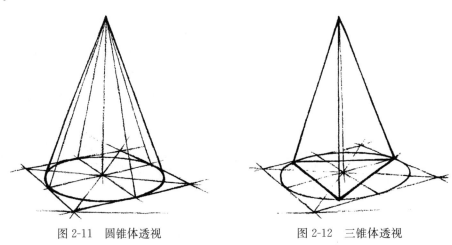

图 2-11　圆锥体透视　　　　　　　　图 2-12　三锥体透视

3. 圆球体透视

球体需以正方体来表现，首先画出一个边长与球体直径相等的透视正方体，标出以正方体中心点三个坐标方向的透视圆形，得出圆球体的长宽高，用平滑线连接着三个透视圆形的外轮廓，得到一个圆球体，这个圆球体中心与正方体中心点同心，以这三个坐标方向的透视圆球体表现的三个坐标位置，圆球体的透视就是以这个坐标线为依据的。如图 2-13 所示。

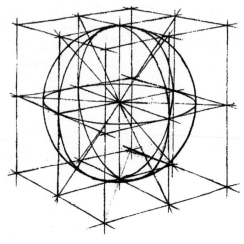

图 2-13　圆球体透视

小结

本章介绍透视的基本原理，重点关注建筑美术基础类相关课程透视原理与经验的结合，解决视点、构图与建筑物三者的相对应位置关系，建立对场地立体概念的基本认知。

本章重点学习内容提示

1. 透视的基本原理。
2. 几何形态的透视表现。

本章作业安排

1. 结合实际场景，设想透视原理的普遍存在。
2. 运用照相机，选择一点透视、两点透视、三点透视的方法对同一建筑场景进行拍摄记录，体会同一主题不同透视角度所带来的情感变化。

第3章
素描

素描是指以单色表现客观对象的造型阴影关系的绘画形式。无论是设计师还是美术师，素描都是认知和理解造型艺术的初始，与建筑设计相关的许多子学科可以说都是由素描不断发展繁衍而来的。就绘画种类而言，从工具到表现形式，素描是最为直接、最易入门的一种艺术表现方式。素描训练目的是培养观察力，在二维平面中运用线条和单色调，通过观察、描绘和塑造来体现对于物象的更深层次的分析和认知，这些内容包括形体构造、比例关系、空间位置、光影关系、材料质感等造型因素，并融合情境语言来进行表达，达到艺术的升华。作为所有艺术与设计学科的造型技法入门的基础学科，素描学习是研究客观物象的造型规律以及培养艺术美感的一种方式。

3.1 素描基本介绍

3.1.1 素描的基本概念

（1）物象：即绘画者所描绘的对象，世界上万物都可以作为描绘对象。

（2）形态：分为自然形态和人工形态。自然形态就是指自然界所赋予的，非人工参与的；人工形态就是指通过人的参与主观创造的形态。形态还包括人类头脑中的概念性形态，比如，我们可以将建筑形态归纳为最简单的几何体来进行分析和创造，这些几何概念的形态就是将设计概念转化成现实形态的最原始的出发点。

3.1.2 素描工具介绍

素描工具材料是最朴素的，简单来说，一支笔一张纸就可以画草图或写生。不同的工具和纸张，可以表达出完全不同的画面效果，初学者在有了一定基础之后可以广泛地尝试新的工具，找到一种最适合自己的表达。

（1）铅笔：铅笔是最常用的素描工具，主要特征是等级数量多。它按照石墨的等级从 H 到 B 进行分类，主要分为软质和硬质两种，不同软硬的铅笔相结合能够表现出丰富的明暗层次，适合绘者仔细观察，深入细节。铅笔容易上手，便于携带而且修改简单，所以被广泛接受。从快速写生到刻画都适合。

（2）碳笔、碳铅和碳精条：这三类材料其实是一种工具，它们的特点是质地比铅笔软，颜色最重，特性粗犷、沉重，但不易修改。运用这种工具一般要求有一定的美术基础，在绘画中可以表达出强烈的视觉冲击力，体现强烈的艺术情感。需要注意的问题是，由于这种碳素材料质地较软，很多生产厂家在制作过程中为了凝固碳素，在笔芯中含有胶过多，这样的结果是炭笔不容易断裂，但导致画纸上笔痕不均匀或很难画上线。

（3）钢笔：钢笔主要在建筑写生和设计表现中运用，便于携带和更换，圆珠笔、针管笔、签字笔等等都归于这类。因为笔头坚硬，出水均匀，与铅笔、碳笔相比，单一线条缺乏浓淡深浅变化，在快速场景写生中，用线排列形成画面阴影明暗的变化。特点是落笔无虚实，不可涂改，对纸张要求不高，常见复印纸即可。

（4）笔类工具还有毛笔、色粉笔、马克笔、彩铅等等。在建筑美术基础课程中，毛笔的应用主要是在设计表现课程中单色晕染素描关系，而并非传统意义上的中国绘画形式。色粉笔运用相对其他工具而言，并不常见，种类也比较多，一些接头空间视错觉艺术运用较多。马克笔、彩铅多是以钢笔线条为基础的快速设计表现课程，在本系列教材中会有详尽的说明。

（5）纸张：素描纸种类比较多，也有优劣之分，各种类纸张质地、色泽、薄厚都不一样，导致画面效果也会完全不同，当然如果能充分掌握不同纸张的特性，往往可以画出特殊的效果。对于初学者来说，要根据不同的训练内容进行选择。在挑选长期写生的素描纸时，注意要用铅吸附力强的纸张，这种纸面几乎不含蜡，线条调子可以层层深入叠加，适合长期描绘、塑造。除了素描、色彩之外，钢笔画的选纸要考虑到钢笔的单线覆盖性，纸张要保证行笔流畅，纸面光滑，除最常用复印纸外，硫酸纸、硬质的毛边纸都可以与钢笔巧妙结合运用，体现出特殊的效果。其他的纸张还包括绘图纸、水彩纸等等，纸张的选择关键在于对工具的熟悉，找到适合自己、适合表达主题的方式，根据自身的经验积累发挥各自的优势。

其他辅助工具：

（1）橡皮和可塑橡皮：在素描描绘过程中，橡皮的功能不仅仅局限于修改，很多细节造型的明暗调子变化都可以用橡皮擦拭中力度的轻重缓急来表达，可以根据实际灵活运用。

（2）水溶胶带：一般长期素描、色彩、水彩渲染等长期练习，为了防止纸张褶皱，都需要在画板上固定纸面，水溶胶带非常适合裱纸来固定纸张。常见水溶胶带一面为牛皮纸，用法很简单，把有胶的一面蘸水润透，在要粘的画纸背面刷上一层很薄的水，然后用水溶胶带固定画纸四个边缘，等到画纸和胶带都干透之后就可以作画了。切记纸张在画板上要铺平，画纸背后的水分也要尽量的均匀。

（3）定画液：在素描完成之后，为了防止画面上碳质调子受外力摩擦变花、变脏，可以使用这种喷胶喷几层，作品可以长期保存。在喷洒画面时要注意的是，将画板平行于地面，画面薄薄地均匀喷洒一层，切忌过量，待干后可以再喷几层。

3.1.3　作画角度、姿势及握笔

1. 角度

一般室内写生，学生以 180°围绕静物，在角度选择时，首先是同学之间互相视线上没有遮挡，静物视线整体、轻松，视距上避免过近变形，过远看不清楚细节。其次角度要根据静物摆放选择光线、构图，画面避免背光，构图角度两个 45°是常见角度，当然，这个角度也要根据实际的静物组合变化而变化。最后，角度选择直接影响到画面效果，根据构图要考虑静物描绘之间前后主次关系，描绘中要突出主体元素的特征。

建筑写生或场景写生时，同样要求视线轻松、直观，周围环境能够自然舒适，做到统筹全局。在角度选择时，心中要对画面的层次关系、空间关系、明暗关系以及画面效果有一个预判。

2. 姿势

在画素描色彩时，姿势看似与画面没有直接关系，其实对画面影响深远。在经过一定练习之后，初学者不再局限于简单的基本练习，而会对画面有更深刻的观察与了解，为了让画面避免平庸，更加精彩，会花更多的精力和时间仔细观察和细节刻画，这个过程对体力脑力消耗巨大，在描绘过程中始终要保持精力充沛，一个正确的坐姿和站姿就显得非常重要了。坐着时，胳膊要自然伸直，画板的位置与静物形成 40°左右的角度，保持一个放松的状态，而站着时，精力更容易集中，长时间描绘要体会提气的感受。无论哪种姿势，关键在于观者的视线要与描绘对象保持一定距离，同时与画板也保持一定距离，这样观察可以顾及到画面整体的关系。良好的绘画习惯，可以提高描绘者的关注力、洞察力和表现力。

3. 握笔

素描的握笔姿势与写字不同，正确的握笔姿势，可以轻松灵活地发挥手腕的作用，从而能够控制画面上各种线条的表现形式，适合把握大的画面内容。握笔力度的把握也根据画面需要而变化，这些都需要经验积累而形成自己的习惯方式。

3.1.4　素描基础训练

在素描练习过程中，线和由线组成的面都是用来塑造形体的。通过线条组成的面的转折变化，来增强画面形体的立体感和空间感，而线的轻重变化可以表现形体的质感，线条的轻重、强弱也在画面中产生虚实变化，在空间上产生远近之分，这是画面空间塑造的重要视觉体验。掌握和控制线条能力，也就是对于物象形体和空间描绘的能力，素描画面本身就是一个由线条轻重缓急、虚实变化产生丰富的层次。因此，线条训练是在绘画之前一个最基础的训练。要求学生根据绘画要求，使用铅笔，表达各种流畅、变化的线条组合，体会线条层次变化的丰富性，为塑造复杂形体打好基础。

在初期练习排线时，要感受手、腕、肘的运动变化对线条产生的影响，拇指与食

指握笔处，体会重力放在手腕和肘上，而手指落笔平稳，保持握笔处与手腕之间力量的平衡，根据调子轻重缓急，用手腕着力而握笔处来收力。这样的线条平稳、自然，线条组合体块统一，富有变化。

3.1.5 素描的分类

素描是相对于色彩的一门独立的学科，它更注重表现物象的客观形象、光线变化所产生的阴影关系、形体结构关系，与色彩相比，它更为直观、朴素，也更容易理解与掌握。

素描的发展经过了悠久的历史过程，包括对素描的认识以及绘画工具、材料的演变。它们的共同目的是让绘画者掌握观察方法和表现方法，从表现物象整体形态特征、明暗调子的素描发展经过了写实性、表现性、抽象性这三个大的历程，整体归纳可以分为明暗调子素描和设计素描。

1. 基础素描

基础素描也称为明暗调子素描、全因素素描、传统素描等，是一种通过绘画角度，从造型、色调、明暗、材质等方面去认识客观形体的一种方法，同时对于色彩表现是必不可少的基础过程。这种写实的造型艺术的认识来源是建立在古希腊时期"艺术源于自然"理论基础之上，并在欧洲文艺复兴时期达到高度的发展，要求以科学、客观的精神，通过解剖来研究、探索所描绘对象来认识这种视觉艺术的价值与作用。这种绘画方式作为理解造型基础的基本训练方法，它立足于准确地表现形体结构上，借助光影构成物象的亮、暗、灰和阴影变化，以线面的方式来塑造物象的立体感、质感与空间关系。对于初学者来说，对于艺术概念的理解比较抽象，认为美术是散发性、感性的，但具体以何种形式来体现这种情感往往无从下手。基础素描作为了解绘画的基础入门训练方式，所要解决的问题就是使初学者被动的对于物象简单的模仿到主动情感表达升华。基础素描主要描绘对象包括石膏几何体、静物、石膏头像以及人物等等，课程训练的目的要求深入系统地研究物象空间、透视、结构、比例、运动的规律，强调艺术实现过程的理性表达，要求画面严谨、构图造型遵循透视规律，对描绘物象的结构有科学的理解以及细节的洞察，通过二维平面性的画面真实再现具有三维立体和空间的视觉感受。

设计来源于艺术。素描是美术类艺术认知的基本语言，通过基础训练可以使描绘者掌握绘画形式的基本规律及法则，只有充分了解与掌握了这种基本的技能，才能将未来设计的理性理解还原为明暗调子素描的感性直觉，以达到真实的表现设计方案的艺术升华。

2. 设计素描

设计素描的概念来源于 1919 年德国成立的包豪斯学院，指的是 20 世纪以来伴随工业化发展而脱胎于传统美术的一种思潮，可以说，设计素描是基础素描在"艺术与设计的结合"上的进一步发展。在西方基础设计理念以及设计专业素描教学实践的影响下，设计素描的教学理念 20 世纪 90 年代在我国逐渐成为主流设计院校的基础课程。

包豪斯"艺术与设计的结合"的教学理念对于近现代设计教育有着深刻的影响。在包豪斯的基础教学体系中，不再主张真实再现物象的客观形态，从研究自然物象形态入手，获取其内在的本质，以科学的理性思维，着重视觉与创造力之间的联系，通过抽象的研究同具体物象抽象化结合起来，超越客体外在的表现形式，达到主动性的认知和再创造。

设计素描的概念涵盖了"结构素描"、"物体素描"、"形体素描"的所有范畴，同样也是作为建筑设计、景观设计、风景园林设计、规划、环境艺术、工业设计等专业空间设计意图表现的基础课程。设计素描是通过比例尺度、透视规律、三维空间观念以及形体的内部结构剖析等方面表现新的视觉传达与造型手法，训练绘制设计预想图的能力，设计素描是表达设计意图的一门专业基础课。除了提高空间结构造型能力，它也是一种逻辑思维的训练过程。这种素描方式对于形态结构的空间理解与推理布局能力提高有着重要作用。

设计素描与基础素描在教学理念、内容、思考方式以及学习目的上均有不同。基础素描强调的是物象、空间真实的再现，而设计素描强调的是从抽象理解上出发，研究物象对象实际存在的实际构造及其构造规律，并运用科学的数理关系进行空间的再造过程。在内容上，设计素描将视觉艺术的观察方法、造型艺术的表现手段与设计理念有机地结合起来，通过素描的形式，客观地观察物象的形态本质，并最终转变为创造性思维的过程。在学习目的上，基础素描着重培养的是描绘者对物象的形态、比例、结构等的真实的理性空间关系，而设计素描则侧重于创造性思维的培养，是以理性的运筹到感性思维的过程，为空间思考能力打下基础，最终有效地表达设计意图。

3.2　基础素描写生

素描是一切造型艺术的基础课程，无论是基础素描还是设计素描，在学习过程中首先要遵循的基本原则是真实客观的描绘，素描训练的目的是通过观察、感受和认知物象的本质，从对于物象表面的照抄和消极的模仿升华为主观感受的表达。素描塑造基础认知规律如下：

1. 光影与明暗调子变化规律

光线，支配了物象给予我们的形态感受和质感效果，自然界一切物体都是在特定光源下以明暗调子的形式呈现在我们眼前。一般认为基础素描是通过描绘光线在物象上的明暗调子变化来完成对物象的形态、体积、质感、空间等的明度色差来完成。事实上物象自身的内、外部的骨骼结构的变化才是导致了明暗色调变化的根本，这种认识对于初学者来说是个最常见的问题。在下笔之前，一定要认识到物象自身的形态、结构与材质是不会变化的，避免在绘画过程中，因为照抄物象表面丰富的明暗调子变化吸引而脱离了物象的基本形体结构，从而导致画面结构松散，内容交代不清晰。

物象在光照下可以划分为三个面，即受光面、侧面和背光面，这三大面我们可以归纳为亮面、灰面、暗面，也称之为素描三大面。由光照已经物象结构产生亮调子、灰调子、明暗交界线、反光、投影这五个层次的色调，也称之为素描五大调子。这些内容组成了基础素描的所有光影和明暗变化内容。如图 3-1 所示。

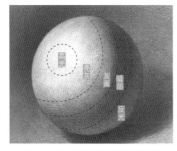

图 3-1　素描的明暗调子

受光面：亮调子，指光源直接照射的部分。

侧面：灰调子，指的是物象的主色调，是物象中变化最为微妙的色调。

明暗交界线：物象受光面与暗面的交界区域，是明暗过渡中调子最重的部分，它的描绘直接影响到形体关系是否正确。

反光：物体受其他物体反射到自身的光，一般来说暗部要浅一些，反光强弱根据光线来源、物体材质不同而不同，最常见的是石膏体暗部底面有明显的发光，它的来源是衬布。

投影：光线被物体遮挡在临近物体上所产生的阴影。

影响以上因素色调变化的有以下几个方面：第一是在光照强度不变的情况下，物象受光面的强弱受到距离光源的远近影响，近则明亮，远则灰暗；第二是光源照射在物象上的角度，角度的变化转折引起明暗色调的变化，在受光面中，角度转折的明暗调子对比最为强烈，暗部对比最弱；第三是物象自身的材质对光线的吸收和反射，质地粗糙、固有色深的物象在塑造中整体调子要重一些，质地颜色淡反光较强的物象则整体调子轻一些，但要注意的是，调子的深浅都是相对的，在深色反光强烈的材质中，高光与质地对比最为强烈；第四是投影对于明暗调子的影响，投影本身没有质量和体积，它是以物象形态存在为基本条件的，需要仔细观察物象的投影变化，在深入刻画时，阴影会让画面细节更加丰富、精彩。

2. 光影与明暗调子变化规律

素描写生，就是在画面中用高度概括的手法表现客观物象，其训练的目的是在图纸中将物象从平面转化为立体的过程。基础素描强调物象的体积感，再复杂的体的形态也是由不同的面构成。所有的物象都可以理解为由各种转折的面组合而成，并伴随着观者视觉的角度形成一定透视变化，面的转折方向不同，透视与明暗色调就会发生变化。绘画不同于照片，素描调子相对于自然物象的调子变化，在画面中的反映是极其受限的，在一开始要明确的是画面整体形体概念和画面中明暗调子大的对比关系。在塑造过程中，物象由于结构的复杂变化，其转折面中呈现出丰富的明暗变化，这些在光线下明暗的变化，外在表示为形态的起伏转折变化，而内在则体现了形体的构造关系，这就需要在观察中准确找到组成体积的各个面的组合。

对于初学者来说，在描绘物象时，往往会被调子明暗变化所吸引，而忽略物象结构，画面显得空，缺乏内容支撑。素描的塑造是从抽象的线条辅助到面再到体积的形成，描绘中的明暗调子都是要卡在体积和结构转折上，并为它们而服务的，这种体积的塑造必须是对形体结构深入了解基础之上，这样色调与面、体与结构的关系才不会停留于表面光影的抄袭，而是一种体现造型结构，深入塑造的过程。在表现面的色调时，要符合周围结构关系的需要，否则就会陷入局部描绘中，导致形态体积不协调。

3. 肌理与质感变化规律

肌理是一种客观存在，而质感更多是一种人对材质的感受。

肌理与质感在基础素描中，尤其是静物写生和室外写生中的内容非常广泛，受素描工具所限，我们在塑造这些肌理与材质过程中，主要是通过线和明暗调子的对比来体现。比如在表现玻璃、人工器皿这类光滑坚硬的物体时，要通过强对比和高反光比来体现它的材质，而对于水果蔬菜石膏这类物品时，则主要通过柔和的自然过渡，弱对比。以上肌理和质感的描绘都是要由画面物体之间的关系决定的，关键在于灵活运用。当然，在写生过程中，要对塑造的个体具有强烈的情感，比如在塑造一个新鲜的苹果时，要体会到它的精致、诱人、生命力，用情感去描绘，而对于已经腐烂的苹果时，要体会它的萎缩、暗淡以及生命的逝去。

3.3 石膏几何体写生

3.3.1 石膏几何写生概述

石膏几何体包括：立方体、圆球体、柱体、圆锥体等，如图 3-2、图 3-3 所示，这些几何体是对所有复杂物象的提炼和归纳，从造型到色调上都很简洁、单纯，对于我们初期由浅入深，从简单到复杂提供一个明确、直观的认识。

图 3-2 石膏几何单体 魏敏

图 3-3 石膏几何体组合 魏敏

目标：①通过仔细研究和观察，从线条起稿概括简单几何形体开始，掌握最基本的从平面到立体造型的要素；②建立"三大面、五大调子"的概念，运用这些面与调子的关系，研究光线在不同倾斜面上的明暗变化对形体起伏转折的影响，理解物体的体积结构关系和空间透视原理。

3.3.2 石膏几何体写生的步骤

石膏几何体写生过程中要把握几个要点：在明暗调子塑造过程中，一定要从物体结构出发，理解和分析物体明暗变化的依据，谨记明暗调子的过渡与结构转折的变化相对应。

1. 观察与归纳形与面的关系

在下笔起稿之前，仔细观察物象形与面变化，明确练习目的。如图 3-4 所示。形指的是物体的平面几何形状，面是指物象外表的面向，比如石膏几何体的正面、侧面等，这些面的角度、形状、大小、组合等是表现物象体积和透视的关键因素。石膏几何体的特征是质地单纯，造型规则，这种训练的目的重点第一是在起稿过程之中，让我们学会运用几何形在平面中塑造具有透视的几何体，了解和学习运用简单几何矩形对物象进行归纳；第二是物象没有固有色的情况下，去发现和研究物体的光影规律，尝试和了解运用调子来体会"三大面"和"五大调子"对于石膏几何体的透视变化和体积感，并形成从平面立体的素描塑造概念；第三是观察石膏几何体与背景空间的纵深关系，比如在塑造柱体或圆球体的时候，要体会面边缘转过去的空间纵深。

2. 起稿——运用辅助线把握整体构图、比例和透视关系

在起稿中，构图是对于画面整体的把握是最为关键的。在石膏组合起稿构图中，初学者一开始从整体来观察，而在动手中往往陷入从局部开始，归根结底还是由于缺

乏整体的意识。这样的情况就需要辅助线来帮助我们在画面上通过对比来确定物象的位置和形态。首先要对物象从整体上分析，包括整体的结构特点和形体特点，通过辅助线来确定整体在画面中的比例关系，考量整体构图与画幅是否协调，然后再通过各部分的辅助线对比来确定它们之间的比例、前后关系以及主要的明暗区域。起稿一定要遵循从整体到局部再到整体的观察步骤，在确定大的基本型后，运用水平线、垂直线、斜线等辅助线相互对比，来确定形体间的比例和透视纵深关系。如图 3-5 所示。

图 3-4　石膏几何体素描

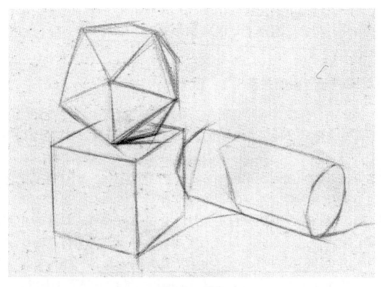

图 3-5　起稿

3. 整体的明暗层次与虚实关系

石膏几何体除了造型之外，最大的特点就是光影层次明确。在素描中，调子作为体现明暗变化的媒介，是必须通过加强或减弱与周围调子对比的程度来体现的，比如在表现明确的形体转折中，在转折处要用明确的深浅调子对比，这样才能通过明暗的强烈变化来体现形体结构，而在表现统一水平面上的光线变化时，需要做的是调子间的自然过渡，形成平面的因素。如图 3-6 所示。需要注意的是，最亮的部分旁边往往是色调最重的，反之亦然，目的就是客观与主管的强化来达到素描效果。为了使画面层次丰富而又不至于散乱，石膏几何体一般有三到五个明暗层次即可。

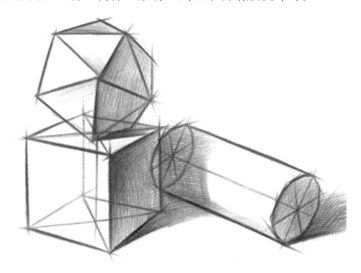

图 3-6　把握整体明暗关系

明暗调子层次的处理与画面虚实的处理是同时性的，线条与调子的轻重、强弱能产生虚实变化，在视觉上有进退感，可以使画面物象更具有立体感和前后空间透视感。如图 3-7 所示。在确定构图之后，根据视角，主观上将距离绘者自身视点最近的形体描绘得最充分，明暗调子刻画最为丰富，对比也越强烈，而离视角越远的物象也越虚。这样也体现了近实远虚的一般性空间透视规律。如图 3-8 所示。

图 3-7　明暗调子初步处理

图 3-8　明暗调子深入刻画

4. 深入细节与整体协调

石膏几何体的主要特征是造型几何，质地坚硬，色泽统一，在深入刻画中，不要用过软的铅笔，注意排线运笔要围绕形体结构走向，画暗部和阴影调子要透气，保留有继续塑造的余地，忌堵死，主体亮部色调变化微妙，笔触衔接自然、清晰。强化几何体与背景空间的区别，注意前后关系，适度刻画即可，而背景变化要简练统一，拉开前后空间透视关系。如图 3-9 所示。在进行细节的刻画中，要反复地观察画面整体的关系是否协调，切忌独立的刻画某一个局部，始终保持整体到局部再到整体的画面关系。

图 3-9　明暗关系细节深入与整体协调

3.4 静物写生

3.4.1 静物写生概述

图 3-10 静物组合 魏敏

在石膏几何体写生之后，我们对于素描造型有了最基本的认识，这为接下来的静物写生打下了良好认知的基础。室内静物写生包括静物单体与静物组合，它所包涵的种类非常多。静物组合的形体、材质、颜色都具有多样性，与石膏几何体相比，静物写生除了造型复杂之外，还增加了固有色与质感变化。如图 3-10 所示。

目标：①通过线条起稿，将复杂静物归纳为简单几何体，协调和确立静物之间、静物与环境之间比例以及透视空间的相互关系。②明确物体不同的质感，在能够深入刻画细节的同时，处理好画面整体的统一性。

3.4.2 静物写生的学习要点

1. 观察与归纳

静物的个性。静物或静物组合与石膏一样是静止的，但静物个体或组合之间的个性更加鲜明。一般静物都是我们所熟悉的东西，富有生活气息，也最容易产生感觉，如果没有这种从观察到感受的理解，那么在描绘中必然是机械的照抄，画面塑造缺乏感染力。所以在第一步观察中，要注重静物的个性并学会用几何形体进行归纳，并将这种感受始终贯穿于整个描绘过程之中。如图 3-11 所示。

图 3-11　静物素描

2. 起稿

　　静物写生构图与石膏几何体一样，也是处理好各个静物在画面上的大小比例、前后位置等关系，我们要运用辅助线把它们之间大的外轮廓关系串联起来，这样便于整体把握静物之间的形体关系。辅助线不可以随意画几根线，要以静物之间的实际情况为出发点，在下笔之前，要考虑静物对象放置在画面中哪个位置，画多大多小合适，如果是单体，通过画幅大小来协调，如果是静物组合，要与其他静物相对比来确定比例、前后等等。

　　宁方勿圆，释放静物的个性。在确定大的构图框架下，通过前期石膏几何体的素描训练，在静物写生起稿中，通过辅助线，我们学会将复杂的静物简化为平面几何形，然后用长线条切割的方法提炼概括，将静物块面化。在用线切割过程中，需要注意的是，线条横、竖、斜、曲都要根据静物自身的特征，结合形态和透视，将平面形转化为立体块，这一切都是建立在对于形体的观察和理解之上。如果摆放的静物组合之间造型特征区别明显，那么在比例、结构上也容易让画面丰富，要注意的是将它们在视觉上协调统一到画面中。如果是同类静物组合，那么一定要强化它们之间的不同，举例来说，两个类似的苹果起稿中，要注意它们的摆放朝向，形态之间细微差别，为了在塑造中始终保持这种静物的个性新鲜感，在初期起稿中可以适度夸大，为下一步塑造打基础。如图 3-12 所示。

在这里我们要注意在归纳过程中，要充分表达静物的外形特征，也可以说是最能体现静物外轮廓特征的骨骼节点。这种对于复杂形体的归纳至关重要，第一，这种归纳是对于造型、空间、透视的理解与综合。第二，这种对复杂造型归纳的能力直接影响到接下来的设计素描、色彩、钢笔画以及建筑设计课程。

3. 大体明暗塑造

明暗对比，这一步是分析和表现静物的结构，在起稿确定静物的基本位置和形体特征后，要注意用明暗交界线来强调静物的形体结构，同时注意投影的方向变化。从明暗交界线开始，静物凡是处于暗部、背景或投影可以用调子统一画一遍，先从主体静物的暗部和背景开始，从暗到灰，亮部不画。如图 3-13 所示。

图 3-12　起稿阶段　陈紫阳　　　　　图 3-13　大体明暗关系塑造阶段　陈紫阳

在这里铺调子的时候要注意两点，第一是线条的排列间隙疏散，画面整体要用笔清淡，使接下来塑造的每一层调子都可以自然地结合，一般前景物的塑造要比后景物调子重一些，这是由于前景物明暗对比强烈，后景物明暗对比统一，体现近实远虚的空间透视原则，掌握好笔的轻重来交代一下静物的前后空间关系。铺调子要始终注意整体比较、观察，始终控制画面的整体感。第二是要明确调子是附着在静物的形体结构上，为空间关系而服务的，而不是单纯的、表面的色调光影变化，也讲究"宁方勿圆"的调子排列方式。任何描绘对象的形体结构都是不变的，而明暗关系会随着光线的变化而变化，只有对物象的结构充分理解，在用明暗调子塑造形体中才能始终围绕着强调物象结构本身，使画面内容丰富、充实。

4. 深入刻画

接下来的深入刻画中，灰调子的把握是关键，而突出主体物象是深入的目的。相对而言，在塑造中要根据所选视觉角度，距离最近的往往形象突出，明暗关系对比最为强烈，虚实、结构和投影也最为细致，其他物象逐渐次之，这样画面色调层次丰富，空间秩序明确。这一步常见问题是在刻画中往往集中刻画某个细节而忽略整体感，这是由于观察与手不协调所致，在刻画中，要经常停下来看看整体画面，通过静物之间相互的对比、联系，从主体到其他再到主体这样反复刻画的过程，始终使画面保留有持续深入的余地。如图 3-14 所示。

图 3-14　深入刻画阶段　陈紫阳

在这一步，亮部的表现尤为关键。物象灰面、暗面的表现主要是调子统一中有变化，受光面的调子变化在视觉上最为明确、丰富，协调统一中稍有不慎，问题也就直接暴露出来，这也是基础素描中的重点和难点所在，在表现过程中要仔细观察，体会精妙的层次变化，始终从整个画面来控制和协调它的丰富变化。

5. 审视和整体调整

这一步需要描绘者停下来，回到对静物的第一步感受中，对画面进行概括处理。

由于长时间的刻画过程中，眼睛和大脑更多地关注在局部变化中，往往忽视了画面整体的关系，可以将画面放得远一些和静物做一下对比，眯起眼睛来看下整体的亮、暗、灰关系是否得当，细节的刻画是否符合整体画面的协调等等。对待画面始终遵循对静物的第一感受，在重新审视和调整的过程中，根据主观情感，可以适度通过描绘强化画面的情感因素。如图 3-15 所示。

图 3-15　整体调整阶段　陈紫阳

小结

　　本章着重介绍素描的基本概念，要求简单了解素描的分类，以及形成历史发展的原因。体会素描造型的一般性概念与空间的关系，并练习调子排线。

本章重点学习内容提示

　　1. 了解素描透视、构图、三大调子五大面的一般性概念。

　　2. 学习基础素描塑造的写生步骤。

本章作业安排

　　1. 排线训练 1～2 幅，纸张 A4。

　　2. 几何体与静物形态单体素描写生练习 1～2 幅，纸张 A2。

　　3. 几何体与静物形态组合素描写生练习 1～2 幅，纸张 A2。

第4章
结构素描与设计素描

　　结构素描脱胎于基础素描，可以说是一种对基础素描的主观认识。在前面基础素描练习中，我们认识到素描表现的不仅仅是物象形体本身，而更多的是研究造型的基本规律，以体现视觉艺术为目的。基础素描注重明暗调子、光影与虚实关系，虽然也对物象的结构及其构造规律有一些认识，但侧重点更多关注在真实与感受的结合表现，如图4-1、图4-2所示，可以说，这种素描早期是为色彩造型而服务的。而结构素描是满足现代设计的需求而产生，与近现代构成的要素结合，目的是培养设计师的形象思维和创造性思维的过程。

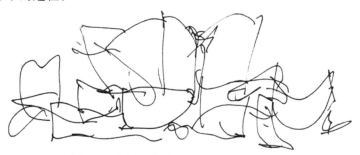

图 4-1　迪斯尼音乐厅手稿　弗兰克·盖里

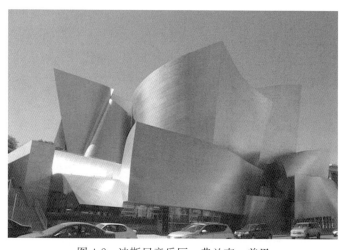

图 4-2　迪斯尼音乐厅　弗兰克·盖里

4.1 结构素描

　　结构素描也称之为"形体素描"，最大的特点就是理性、客观。这是一种从透视空间的角度，研究通过物象表面现象来体现内部的构造关系。它是一种以线为主的造型方式，可以适度地加入一些明暗关系，运用理性的分析方法，以正立方体为基准，借助各种结构线和辅助线（水平线、垂直线、中轴线等），运用透视原理，来对物象的外部结构构造、内部结构构造以及由这一物象本质性的形体结构而形成的物体形式关系的规律性，进行空间的分析以及形态的推敲和思考。如图 4-3～图 4-5 所示。这种结构素描的训练是将设计的概念转化为三维立体造型的能力，作为表达设计意图的一门专业基础课，与建筑学的专业要求结合非常紧密。

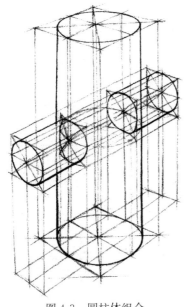

图 4-3　圆柱体组合

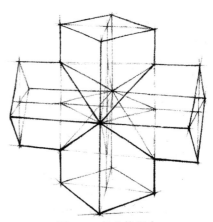

图 4-4　长方体组合

　　关于明暗调子与结构素描的关系：结构素描的造型主体是为了表达物象的构造关系，明暗调子可用也可不用，通常的训练是为了达到对于构造理解的纯粹性而主观忽略阴影关系塑造。结构素描与基础素描相比，基础素描运用调子来体现明暗、空间、质感等绘画的特征，以线、明暗等绘画手段来对物象进行表现，通过从整体到局部再回到整体的塑造方式，控制物象在画面中的整体关系，最终目的是协调气氛、营造画面，是一个从理性到感性的认知过程。结构素描是通过内部的结构分析来表达物象的空间、质感的形态特征，体现了物象内部结构是造成物象外部特征的内在动因。

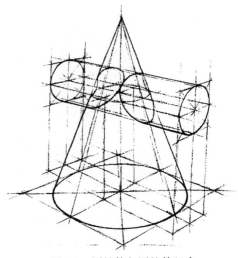

图 4-5　圆锥体与圆柱体组合

4.1.1 结构素描的主要特征

1. 练习的目的不同

结构素描的练习目的是为设计而服务。结构素描的练习，第一是创建一个三维立体的空间环境来对物象的内外结构构造进行观察、推敲和思考，目的是增强设计的结构推敲能力和三维空间组织能力。第二是在结构素描练习中包括物象真实还原和采集重构等多种训练方式，这些内容的训练是将设计创作中思维的意象形态按照三维图像的方式表达出来，并按照严格的透视、空间、质感等造型元素的要求，进行一个设计概念的实体展现，也就是从一个概念的二维图形图像转变为一个三维的立体的过程，是一个从感性到理性的转变过程。可以说，结构素描是设计意图表达的基础。

2. 在教学内容的不同

结构素描是在二维平面上研究三维空间的立体结构和造型规律，在塑造过程中通过比例、透视、视角等增加或缩减物象的立体空间关系变化，这也是很多教学强调忽略阴影关系的主要原因，这一点与基础素描在教学内容上截然不同。

3. 观察视角的目的不同

结构素描在选择视角之后，更多研究的是在视角不变的情况下，物象不断塑造所产生的视觉及心理感受，研究的是物象之间所形成的空间关系，塑造过程中物象先于空间存在，画面结果是否具有很强的艺术感染力是评判它的标准，是一种感性的认知。而结构素描强调对物象多视角的观察、分析与理解，体现的是一个立体空间内物象角度不同转变的形态分析与结构分析，空间的概念要先于物象存在，画面内容转变所产生的结构、空间、透视等的准确性是评判它的标准，是一种理性的认知。

4.1.2 结构素描的学习要点

1. 造型

世界上的万物都具有自身的造型特征，而所有的物象的外在形体体现都是由其内部构造所决定的，结构素描的学习目的就是在二维的平面中表现三维物象的内在结构关系与外在造型之间的空间关系。结构素描抛去阴影关系，着重研究物象的比例尺度、结构、形体组合之间的空间关系，通过视角的变化，将物象看到和看不到的部分的结构进行逻辑分析，使形态规律具象化。

2. 透视的灵活运用

结构素描是首先建立在空间的基础上，来研究和表达物象结构的，平面图纸中的物象借助水平线、垂直线、对角线、中轴线、切线、物象转折线、重叠和透明部分的线等结构线，通过透视的规律，在平面中表现为三维立体空间的物象，并随着透视变化而变化，可以说，透视与结构是结构素描中最重要的部分。任何物象都可以正方形和以正方形为基准建立的正方体来进行数理分解和归纳，要从科学的、理性的三维空间的角度去研究和表现物象的结构关系，就必须以基本的几何图形和透视原理为基本工具，结构素描在一定意义上就是研究物象的透视缩减规律，能否灵活运用基本几何图形透视规律解决三维空间中透视问题，是能否充分理解结构素描的关键所在。

3. 建立正方体的空间概念

在二维空间中，建筑物抛开材质、明暗调子和阴影关系的表面现象，对其进行透视分析的话，就可以得到三维空间形态的视觉信息，这种三维空间环境的创建、观察、推敲等都是以正立方体为基准。这是由于在三维空间中的正立方体是由六个正方形的面在透视缩减的空间中围合而成，相对于其他基本几何形体，正立方体由于模数固定，对于在这个正立方体空间以内的数理关系来说，相对容易确立。当然，这种概念的建立并不是要求结构素描中分析和解构一切物象都必须以正立方体的框架来推敲，而是要首先保证物象在三维空间中符合透视的基本原理，然后通过正立方体的模数来推敲物象的结构关系，从而进行进一步分析。这种正立方体数理的空间概念也是结构素描与基础素描在理性与感性上核心的区别。

4.1.3 结构素描对于线造型的理解

结构素描排除了光影要素，注重单色线条表现描绘物象，那么线的运用就成为其造型的基本语言。

在我们实际观察和描绘结构素描中，判断物象的结构变化仍然受到光线的明暗关系影响，画面如果用同样均等的线来造型也过于机械、死板。因此，主要用粗细和细线的结合来体现物象的整体感和质感，用较粗重有力的线条来表现距离视觉较近的暗部轮廓以及转折结构明确的部分，而细线适合表现形态受光的轮廓、结构，用于过渡视距较远的结构或转折面。同样，在用线条塑造结构素描时，要注意画面整体线造型的关系，忌粗细变化过多，导致主体结构内容交代不清。

在脱离调子的辅助下，用单一的线条来塑造物象的空间层次，主要依靠线条粗细、层次、疏密及搭接关系表现，这些内容仍然是透视原则的基本原理。在塑造过程中，粗重而结实的线条强调前景物象的结构内容，为了拉开空间关系，要主观地用清淡的线弱化其背景内容，使其在视觉上形成对比关系，形成物象自身在画面中的空间层次。同样，物象空间感的形成也依赖于用准确、规则的线条来搭接精密的结构和细节，前景细节刻画越多，与其他对比越强烈，画面空间也就越明确。如图4-6所示。

结构线的表现是结构素描的基本存在形式，基础素描通过明暗来表现体积关系，这样在画面中也形成了对内在或背景的结构进行遮挡，而结构素描画面的主体就是准确、明晰的描绘物象内在的结构关系，在这里，我们将结构线分为可视结构线和不可视结构线两部分。可视结构线包括轮廓线、相贯线和剖切线；不可视结构线包括中轴线、对称线。

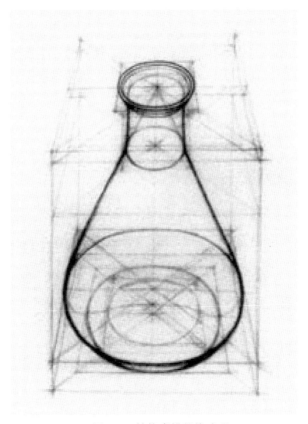

图 4-6　结构素描的线造型

1. 辅助线

辅助线是在起稿中发挥特殊点、线的作用，当在画面中的形体空间位置无法确定时，通过对比添加适当的辅助线，用来参照作用的水平线、垂直线等，达到化难为易，导出结论的目的。具有参照性、辅助性和求证性的特征。

在基础素描和设计素描中，辅助线的描绘都是清淡的，与物象造型的结构线有明显的区别，其中，一部分辅助线在描绘过程中被擦拭掉，而体现物象空间关系、形体结构特征的辅助线，在画面中自始至终的保留着，并作为画面层次、虚实的一部分体现在素描关系中。

2. 轮廓线

轮廓线属于结构线的一部分，又称之为"外部线条"，是表现形态外部结构关系的转折线，同时也是形态与空间的区分线。轮廓线的变化受到光线、角度的影响。

3. 中轴线

协调整个画面关系的线段，表示画面物象轴对称的关系。在素描中，中轴线和辅助线一起，通过物象之间的互相对比来确立在空间中的大小比例和位置关系。

4. 对称线

在整个画面关系中，对称线如同中轴线和辅助线一样，主要是通过对比确立物象在画面中大的位置关系。而对于单体来说，是分析说明物象形态对称关系的依据，也可以理解为物象的二分之一剖切线。

5. 剖切线

剖切线主要用在结构素描中，是对物象形态可视的外在结构和不可视的内在结构分段剖切断面的线段，用以分析形态结构关系。

6. 相贯线

两个物象通过不同的方式组合而形成，组合时会产生两立体相交情况，两立体相交称为两立体相贯，它们表面形成的交线称为相贯线，属于画法几何的范畴。

4.1.4 石膏几何体结构素描步骤

在实际写生过程中，要根据前期对于石膏几何体组合结构素描的训练，学会由简入繁，首先要进行分析和理解，主动建立物象整体立体空间概念，从整体结构出发，避免盲目对物象的局部或表象的描摹。物象形体整体与部分之间的构造往往互相遮挡、重叠，结构关系复杂，这就要求我们分析和把握形体的结构关系，即要理解单个物象形体及组合部分的比例、穿插、镶嵌、重叠等结构关系，也要从整体上把握各物象之间的形体结构关系。如图 4-7 所示。

图 4-7　石膏几何体组合

1. 对形体构造进行归纳

首先观察、分析形体构造。自然界的物象无论造型多么的复杂，我们都可以用简单的几何形体进行归纳，在这一步，忽略影响整体结构特点的造型，确定画面主体构图的位置、大小关系，先画出主体的几何空间造型，保证主体的透视、比例协调（图 4-8）。

2. 把握形体的比例与透视关系

确定大的形体结构关系，也就确定了大的构图，在接下来需要借助辅助线来确定形体与形体之间、形体与各部分之间的关系（图 4-9），与基础素描一样，所有内容长、宽、高的确立都需要反复的对比，局部与局部、局部与整体进行比较。这一步也是结构素描的关键，需要花大量的时间反复比对来确定形体的比例关系，很多学生作业在最后始终不协调，形不准确，画面不舒服但又找不出明显的问题其实都是这步导致的。

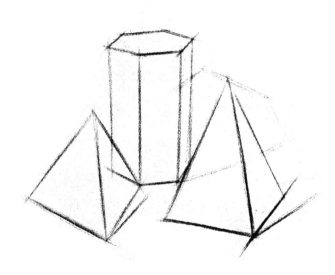

图 4-8 归纳形式构造阶段 白雪松

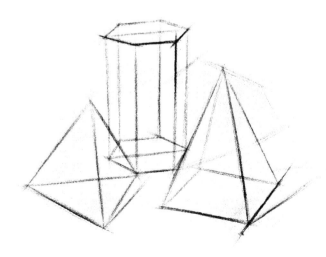

图 4-9 把握形体比例与透视关系阶段 白雪松

3. 透视准确与画面表现力

结构素描在摒弃光影的条件下，以线条表现的透视准确与否在画面中一览无遗，由于我们在观察物象时，是一种局部散式的观察，反应到画面中，会造成透视"东倒西歪"的感觉，这是由于眼睛所看到的空间要远远大于画面中构图的透视空间，虽然我们是参照物象来描绘结构素描，但实际中往往忽略画面的空间只有纸面的大小，透视缩减的不仅是物象的形态，也包括物象整体的空间内容。所以在结构素描表现中，需要将所有组合内容统一到一个透视的画面空间中，使形体及其结构关系符合透视的规律，取得真实、严谨的效果（图4-10）。

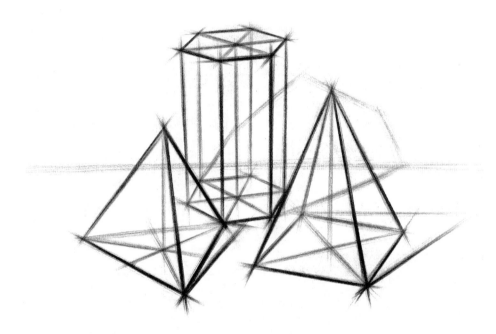

图 4-10　深入表现画面阶段　白雪松

4.1.5　计算机制图与结构素描

随着信息时代的发展，在有的课程教学中，结构素描也融合了计算机制图的作用，虽然计算机制图可以更加准确和标准地去体现结构素描的特点，但是也失去了素描的内涵，而转变为纯粹的制图。诚然，对于了解物象复杂的结构内容来说，计算机可以更加精确、直观的进行展现，但是结构素描的最终目的是让设计师进行思维转换的一种创造性的理解方式，在学习的过程中，描绘者会对物象获取直观感受，从形态分析转变为抽象概念，最终将这种概括的抽象概念转化为设计思路，这个思维交替的过程，最终反映的是素描艺术性的内涵，这种内涵需要通过手绘的过程进行培养和提升。

4.2 设计素描

设计素描脱胎于包豪斯的构成概念中，目的是培养创造性思维，在素描写生中，结合对视觉形式的感受，对物象进行夸张、变形、重构等构成方式，将情感融入设计的创造表达中。设计素描是一种将视觉艺术的观察方法、造型艺术的表现手段和现代设计理念相结合的课程，它是运用素描语言，体现设计元素，以培养创造性思维的课程（图 4-11）。

图 4-11 建筑设计素描 塞尔盖·肖邦

4.2.1 简化与抽离

简化与抽离是人类长期以来对自然界认知的主要形式，远古的岩洞壁画的记载就是人类对于自然认知的方式，可以说，简化是一种艺术的基本认知和存在形式，如图 4-12 所示。这种简化与抽离必须建立在对于生活的深入观察和体验之上，只有这样才能透过自然物象的表面，从复杂琐碎的视觉形象中，去发现造型中简单、纯粹的构成元素，并概括为最简洁的造型元素，如图 4-13 所示。在设计素描中，要充分认识和分析物象的结构规律，抓住物象的本质特征，去除一切修饰、表象以及不能反映物象规律特征的偶然元素，通过这种综合分析的过程，使具有三维空间的物象还原为二维平面的元素，而抽象为一种的新的形式和视觉元素。这种物象新的结构秩序与平面特征使物象以抽象的形式得以体现。

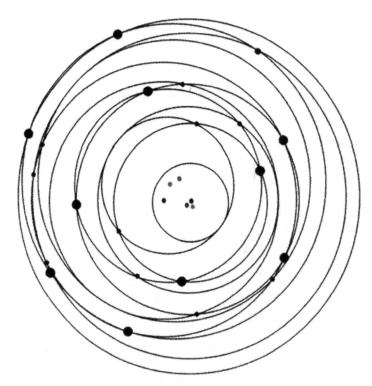

图 4-12　动静韵律　马克思·波尔

毕加索的作品《牛》的简化与抽离，将牛的造型由最初的写实逐步简化，去除掉表面的光影之后，从体块转化为面，再由面转化为线。画面抽离为单纯的线条，但仍然体现着形态的本质特征。整组画面的连续性阐述了一个完整的简化与抽离的过程。

4.2.2　解构与重构

解构是指对物象基本结构分析，从中找出构成形体的基本形的一般性规律，并尝试对这些基本形体和形体的结合拆解成若干部分，也可以是将物象自由打散。重构就是将物象解构、打散后，将打散的后的造型按照新的组合重聚，依据自身的感受和目的进行重新构件，重组过程打破了原有的视觉形式，以物象原有的构成元素本质，产生不同全新的，不同于原主体的结构与秩序，创造出新的秩序美感受。如图 4-14 所示。

在画面的重构过程中，结构单位与组合模式中存在着符合一定规律的形式，透过形体表象，将形态内在的形式和整体的结构韵律，按照并置、相接、透叠、排列、重复等重构的造型要素，将物象内在的形式美以抽象的形式进行表达，体现描绘者的情感和审美情趣。

图 4-13　牛　毕加索

图 4-14　三角形的解构与重构　冉秦川

在图 4-15～图 4-17 蒙德里安系列作品中，通过最基本的造型元素直线、直角，色彩中最原始的三原色创作组成的抽象画面中，我们可以深切地感受到这些作品之间的本质联系。他的作品中，以线为主的造型几乎走到了纯抽象的边缘。物象形态被进一步简化至碎面，而几乎成为平面图案的象征。我们可以看到，经过画家对树干与枝杈的解构与重构，物象存在形式变成了直线和弧线，它们相互交错，产生某种共振的律动感。画面上，树的基本形态其实已经消失在一种黑色线条的网格之中，而这种看不见的网格就是物象美最本质的存在。整个画面都协调在网格中。这种网格的结构，中间稠密而四周逐渐疏松的构成秩序。这种集中式的重构也正反映了树造型的本质的形态。

4.2.3　思维交替与形态转变

设计素描的最终目的是将物象的本质，用形式美的法则转换为设计的思维过程，在转变过程中是非描绘性，也非客观的，物象形态转变的过程就是形的演绎、解构、转化和变化的过程。形态转变练习就是去发现对象独有的特征，并融入其他相异的造型要素，通过共性元素来连接两种或几种不同的物象，培养描绘者在对物象的观察以及画面的形式关系中从原型中脱离出来，有意识的从各个角度去发现不同元素之间潜在的内在关系，经过对形体本质元素的提炼、重构和转化，最终根据绘者自身主观的情感和实质性需求，在符合原因内在本质的元素语言中形成创造性的形态转变。如图 4-18所示。

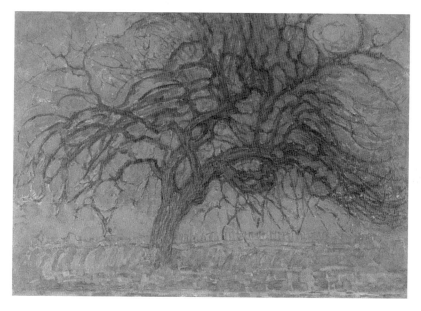

图 4-15　红色的树　蒙德里安

图 4-16　灰色的树　蒙德里安

图 4-17　灰色和粉色的构成　蒙德里安

图 4-18　形态转变设计素描　孙文颖

小结

结构素描与设计素描是对基础素描的一种主观认识，是为满足现代设计的需求而产生，重点在于培养学生的形象思维和创造性思维的过程。

本章重点学习内容提示

1. 对素描的发展历程有一定的了解，明确基础素描、结构素描、设计素描的分类及特点。

2．理解结构素描塑造透视空间的概念，研究通过物象表面现象来体现内部的构造关系。

3．设计素描是一种将视觉艺术的观察方法，造型艺术的表现手段，是一种与构成设计理念相结合的课程。

本章作业安排

1．线条空间结构训练单体、组合训练 1～2 幅，纸张 A2。

2．几何体与静物形态组合结构素描写生练习 1～2 幅，纸张 A2。

3．脱离参照物进行思维转换设计素描练习 1～2 幅，纸张 A2。

第 5 章
建筑钢笔画

5.1 建筑钢笔画概述

钢笔画作为一种独立的绘画表现形式，从字面意思是以钢笔是依靠钢笔笔尖所表现出长短粗细不同的线条进行效果表现。这种表现方式简单快捷，一般都是用黑色墨水，对纸张要求不高，一般为白纸即可，画面效果黑白强烈。作为设计工作中最基本的技能，钢笔画广泛应用在设计初期，包括快速记录场地条件，资料的收集、主体与周围环境的草图勾勒、快速出设计概念等等。除了快速表现之外，钢笔建筑画的黑白线稿与淡彩、马克笔、彩色铅笔等材料结合是最常见的一种效果图表达方式，除了电脑辅助之外，几乎所有的平立面表现用这种形式。

钢笔画的历史最早可以追溯至 1000 多年前的欧洲中世纪，发展于文艺复兴时期，伴随着钢笔工具的普及而成形于近现代。钢笔画作为建筑学、风景园林设计学、规划学本科期间的一份基础必修课，它们共同目的是一方面培养学生对于物象的概括能力，另一方面通过钢笔画的造型过程快速对场景、物体形象的表达，进而引导学生对于场地条件、空间、造型结构等进行方案构思、形象构思等，从而为学生的设计思路表达提供更快捷直观的表达。它所覆盖的范围从自然地理到人文景观，非常广泛。现代钢笔建筑画的主要范畴为建筑、室内以及建筑场景三个范畴，对于建筑钢笔画的写生练习，不单纯的是一种场景再现的过程，更重要的是通过场景写生去体会已经理解设计语言的过程，它的最终目的是使学生对于建筑的形体结构、场景的空间布局以及设计师的思想与个人风格有进一步的了解，借以增强设计意识，激发创造性思维。

常见建筑钢笔画工具如下：

钢笔画与炭笔、铅笔等其他常见的速写工具表现很明显不同，炭笔线条粗细变化非常丰富，可以用线条来代表空间自身的转折，也可以用明确的黑白关系来丰富画面，铅笔在可以用丰富而细腻的表现手法来表现画面，这些区别是由于它们自身材料的不同而决定的。钢笔画的线条具有单向性，也就是说在墨色上没有深浅区别，色调比较单一。由于绘画工具的独特性必然使它具有独特的特点——线条。

笔：线条的丰富表现是钢笔画艺术魅力所在，如图 5-1 所示，它的工具条件要求是线条细腻、出笔墨线均匀，其中常见的工具包括普通钢笔、针管笔、中性笔、碳素墨水笔。其他如签字笔、圆珠笔等由于同样也是硬笔表现，性能相似，适合描绘和深入刻画钢笔建筑画。除以上笔类工具之外，美工钢笔也是比较常见的一种，由于线条粗细变化丰富，很多人喜欢这种工具在记录的过程中强调艺术性，对于初学者来说较难掌握并且实用性一般。前期建议用普通钢笔或一次性针管笔。

图 5-1　柳树林和羊群　梵高

　　纸：最为常见的纸为复印纸，其他还有素描纸、速写纸、硫酸纸、绘图纸、彩色纸、卡纸、毛边纸等等。纸的内容非常宽泛，如同笔一样，在训练初期可以多尝试几种不同的纸张，因为每种纸的特性都有所不同，比如硫酸纸材质半透明，可以拓底稿临摹用，毛边纸本身多为黄底色，纸张质地较薄，需要注意用笔深浅，但却别具一番艺术效果，也深受描绘者的喜爱。训练的过程也是个熟悉工具的过程，有一定绘画习惯后可以根据自己的喜好或对所描绘的内容来进一步选择。前期建议用复印纸或速写纸，一般为 A4 大小，携带方便。整体来说钢笔画不易于修改，必须经过大量练习才可以做到心中有数，下笔有神，在初期练习中，以上纸张都可以前期先用铅笔画简单几何形底稿，用以确定画面中大的主体建筑造型体积位置以及与画面的空间透视关系。

5.2　建筑钢笔画的主要表现方式

5.2.1　明暗对比

　　与素描一样，钢笔画明暗对比也叫虚实对比，也可以称之为由线条塑造的素描关系，其他的一些钢笔画表现方式都是由明暗对比衍生出来。由于大部分建筑学、风景园林设计、城乡规划等专业第一年第一学期开设的都有素描课程，这种理论方式对于初学者来说也便于理解。

明暗对比是用明暗虚实关系拉开画面层次，通过调用于强调画面主体内容。在这里可以根据描绘者自身的情况，可以塑造大的关系，也可以塑造得更加细腻，用以表现丰富的层次、光影的变化，使画面更加完整。

这种方法首要处理好轮廓造型与明暗线条的关系，明暗线条也就是我们所说的调子，这里的调子和素描的区别在于线条多根据结构排线，在强调明暗的局部时要用线条适度灵活，不要排素描调子一样的死线，手可以随着结构变化而随时转折，甚至带有弧度的排线。这些线并非没有依据随意描绘，可以根据局部细节变化增加一些变化，例如可以根据描绘主题的光线方向，在同一个暗面中分出阴影、暗面、过渡三个等级，如图 5-2、图 5-3 所示。在描绘画面局部时要具有潜在的变化，忌用钢笔线条将画面某一部分涂死，在强调结构明暗关系的时候线条要保留一定的透气性，也就是保留有空白使画面继续塑造的余地，使画面看起来没有那么僵硬。简而言之就是用看似随意的线来组织画面局部的素描关系。

图 5-2 校园场景写生 高珊

钢笔建筑画画面组织处理需要依靠线条来拉开画面层次，与建筑配景相对比，画面主体要用线更密集而且多变化，线条在表现外轮廓的同时，也深入塑造主体建筑的材质肌理与明暗关系。在画面表达时，要考虑到主体表达因素，运用素描明暗虚实关系拉开画面场景的空间，近实远虚、建筑主体实而配景虚。切忌主体建筑、周围配景描绘面面俱到，画面空间素描关系混乱。简而言之，画面主体多刻画，配景以及次要部分用线要简练概括，如图 5-4 所示。

图 5-3　校园场景写生　高珊

图 5-4　场景写生　栾剑桥

5.2.2 线描法

线描法也称"白描法"。这种方式与中国传统工笔画勾线类似，如同工笔线描一样，这种钢笔画手法脱离明暗黑白对比关系，画面所有内容结构依靠线来表达，所以白描法完全用线的表达是不允许存在含糊不清的内容。在钢笔画中，尤其是建筑表达中，运用非常广泛。与风景园林、规划等相关专业相对比，建筑钢笔画主体强调的是建筑本身，所表现的内容涉及环境与场地要素相对比例较小，主体描绘的仍然是建筑本身，这就要求描绘的时候要求表现出严谨的造型、比例、尺度，在表达结构构造中，需要交代更多的局部、细节来体现对于建筑的理解。

这种画法的核心在于画面中所有的线有交叉，而没有交错，如图 5-5 所示。因为单一条线并不会形成面，而具有平面造型关系的两条线及以上就会形成一个面，在任何绘画中，面与面的关系就表达出整个画面的前后、大小、透视的空间关系。无论形体结构再复杂、肌理再丰富，始终要将这个主旨贯穿于整个画面，这样画面内容丰富而具有秩序性，不会有任何错乱的感觉，如图 5-6、图 5-7 截取的局部所示，这种主要运用线的疏密变化来表现画面的空间，在画面主体建筑结构转折处、明暗交接处和本身的材质纹理部分线条密集，在画面的配景中适当留白，建筑主体、前景勾线粗一些，远景勾线细一些，以虚实对比、强弱对比产生画面的空间感，就是用线的细微变化来塑造和丰富画面大的素描关系。线描线的表现形式多种多样，如图 5-8 与图 5-5 风格完全不同，线条轻松而活泼，体现出很强的形体空间归纳能力。除了钢笔画外，白描法也同样适用于设计表现课程中的水彩、水粉、透明水色渲染课程。图 5-9 为水彩渲染。

图 5-5 线稿 卢新国

图 5-6 局部

图 5-7 局部

图 5-8 北京林业大学校园场景写生 高宇

5.3 钢笔建筑画基础训练

5.3.1 线条练习

线条是一切造型中最基本的元素，也是建筑钢笔画写生的最常用元素，具有丰富的内涵与变化。线条的运用是人们对于世界物象高度概括与归纳的一种艺术手段。在写生中，画面的表达主要是通过线条的变化形式来体现。线条具有很强的概括性与细节刻画能力，通过长短粗细、虚实对比等的线条叠加与组合来表现建筑主体与周围配景的描绘，体现画面中前后空间层次、透视变化、光影变化、材质的质感丰富的变化等等。

图 5-9　水彩渲染画　王诗潆

建筑钢笔写生中，要充分运用各种不同的线条笔触来表现描绘主体形态，通过各种线条的组合来描绘其形体结构。在建筑钢笔画练习之前，要对线条、笔触的表现形式多加练习，充分理解线条的变化对于画面整体和局部刻画的影响。常用的线条主要有直线、自由线、曲线、断线等组合来组织画面的组织形式。

直线：主要表达建筑主体的外轮廓结构和空间透视，做到线条有起有收，在运笔中根据画面不同的需求，要有轻重缓急以及粗细变化。

自由线：在描绘中，自由线是运用最多的线条，也是描绘具体造型、材质的关键。

其他还有曲线、断线等都是围绕造型展开。在画面中，线条运用要灵活，不同的线条对比会使画面内容变化丰富，尤其是运用在刻画细节中。但忌所有线条在画面中平均使用。

5.3.2　几何形体块练习

所有建筑与配景内容都可以归纳为简单的几何形体，在描绘过程中要学会对生活周围复杂的形体进行概括。钢笔画的描绘就是在二维平面纸面上塑造一个具有透视的三维空间的过程，所谓造型的概念就是具有长、宽、高的空间感，这里的长我们也可以理解为画面空间的深度。如图 5-10、图 5-11 为建筑的平面和剖面，由此得出场地与建筑的基本关系。在我们描绘单体建筑或建筑组合造型时，无论建筑外形或构造多复杂，首先要树立的建筑简单几何体块造型的概念，而建筑外形与结构都是附着在这个体块基础之上，才具有了丰富的长、宽、高和透视变化。因此，对于初学者来说，运用线条练习几何造型的表现规律，了解其空间特征是一个基本过程。

体块的练习主要以线面结合为主，在平时练习用线清晰完整地概括物体块，结构转折明确。另一方面在几何体块组合训练时，注意形体之间的前后空间关系，各体块之间的关系有交叉，无交错，哪个体块在前，哪个体块压后，这样即使画面内容再复杂也会层次清晰、井然有序。如图 5-12 所示。要注意几何体组合整体的透视关系是否统一，在练习的时候不要拘泥于描绘细节，要快速、简化，做到心中有数，以表达组合关系为主，为接下来的建筑组合描绘打下基础。

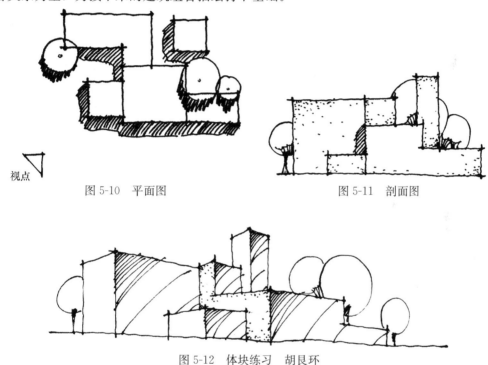

图 5-10 平面图   图 5-11 剖面图

图 5-12 体块练习 胡艮环

5.3.3 建筑钢笔画配景表现

有了前面透视构图的认知之后，我们主要涉及的训练包括：建筑主体、建筑小品以及配景。首先，我们需要把握的是建筑主体比例表现。在建筑钢笔画中，我们更多的是描绘一个建筑与周围环境的群体关系，不可避免地涉及主体建筑单体本身与周围建筑配景之间的尺度比例关系，建筑主体的关键在于与建筑尺度与空间尺度的衔接。

1. 建筑样式风格

现代城市建筑多以简洁几何造型为主，而古典建筑风格受到时间、地域、文化等因素的影响，样式多种多样。常见的现代城市建筑外形和内部构造除了注重比例、构图、透视之外，形式内容上相对古典建筑来说较单一，可以归纳为大的几何形体块，细节刻画包括玻璃墙面、同样肌理的外墙体等等，如图 5-13 所示。而我们在建筑样式风格上要着重刻画的部分主要是古典建筑以及一些建筑结构，如图 5-14 所示，这需要充分运用线条的组合、明暗对比来深入刻画这些建筑的结构特点以及材料质感。

图 5-13　建筑钢笔画　栾剑桥

图 5-14　建筑钢笔画　高珊

2. 建筑小品

常见的建筑小品包括亭、台、榭、椅等等，这类小品的造型以及材质的运用非常丰富，如木质、石质等材质，这一点也是钢笔表现所要抓住的主要特征。在刻画中要注意小品造型特点及与主体物的比例关系，如图 5-15 所示。

3. 配景

配景最为常见的主要有山水树石的造型，其他的还有草地、地面铺装等等。在建筑钢笔画描绘中，配景的描绘主要是考虑与建筑的搭配关系，根据空间透视的远近关系，运用造型及材质的对比来衬托或丰富主体建筑。

植物的表现：不同植物种类描绘首先要注意的是，它们大的生长姿态的区别，也就是它们的外轮廓，初学者可以把它们归纳为几何形体或几何形体组合，这样一方面有助于把握大的轮廓，如图 5-16 所示，另一方面在植物排列中也能体现画面整体的透视关系。需要注意的是，植物的描绘尤其是树的描绘比较丰富，在植物单体和组合训练中要注意表现植物单体的美感，通过强化它的外轮廓的特点，简而言之就是要找植物单体与其他的不同之处。而在画面中作为中景、背景的植物要注意的是它们的统一性，归纳它们的整体特点，让他们的造型服务于整体画面空间需要，如图 5-17 所示。在塑造中要注意用线条来表达体块的造型特点，除了用线条表现结构关系外，还要考虑植物受光方向的素描关系，如图 5-18 所示。

图 5-15　建筑钢笔画　栾剑桥

图 5-16　植物表现　翁琪萱

平面树形态可以选用不同造型来表示，通过线条的疏与密、色调的明与暗等种种变化来丰富画面。立面树的形象可以概括为偏于写实的或偏于抽象的两种。写实的画法应注意树枝与树叶的穿插，往往依靠密集枝叶称为暗部，表现一定的立体感，如图 5-19 所示。装饰性的画法应注意树冠整体造型，一般将其归纳为单纯、明确的几何形。

图 5-17　植物表现　范蕾

图 5-18　植物表现　范蕾

图 5-19　植物表现　马艺菲

石材的表现：现代景观造型中，石材造型丰富，应用广泛，多与植物搭配构成景观节点。初学者在描绘中可以先用铅笔归纳成几何形体，需要注意的是画石头线条要

"宁方勿圆"。国画中讲究："石分三面"是说把石头视为一个六面体，勾勒其轮廓，将石头的左、右、上三部分表现出来，这样就有立体感了，另外将三个面区分明确，然后再考虑石块的转折、凹凸、厚薄、高矮、虚实等等，下笔时要适当的顿挫曲折，所谓下笔就是凹凸有形。如图 5-20、图 5-21 所示。

图 5-20　石材表现　王诗潆　　　　　图 5-21　石材表现　高珊

其他的配景还包括水景和人物等等（图 5-22）。水景表现主要分为动、静两种形态，而它们的变化主要依靠周围景观的变化来表现。人物等其他配景的表现：在建筑钢笔画中，人物、汽车等其他配景的描绘属于细节刻画，在整个画面中起到介绍环境功能、渲染气氛的作用。在表达时要注意由于人物与汽车等在我们日常生活中具有比较明确的尺度和比例，它们在画面中是用来强调建筑主体的体量关系。另外在构图中，人物的远近大小也强调了画面的空间前后透视，这一点与行道树的运用一致。

5.4　建筑钢笔画构图

构图是指画面中建筑主体与配景之间的协调关系，也就是绘画中所说的"经营位置"，包括线条的表现、场景视角的选择、主次内容的对比等等。对画面的构图，也就是建筑主体与配景内容的大小、前后、纵深、比例等的构图关系有一个比较完整的预判，能够组织画面结构，使整体内容具有美感。这种构图的培养要求我们仔细地对描绘场景进行观察，感受其背后的人文内涵，寻找场景中能够让人感动、引起共鸣的内容进行表达。建筑钢笔画的场景写生主要可以归纳为以下几步：

1. 场景中的近景、中景、远景

建筑场景一般体量较大，构图中有明确的近景、中景、远景三个大的空间层次关系，这三个空间层次的协调交代出了画面的透视空间，正确的描绘包括画面所有内容的比例、尺度的对比协调，在实际表达中要充分运用建筑周围的配景来强化这种空间感。

在选景过程中要考虑到主体景观、天空、地面三者的关系，考虑画面布局时，要包括前景、中景、远景三者的空间进深关系。视平线的高低和视点的远近距离在画面中的高低直接影响到构图和情感的表达，如图 5-23～图 5-26 所示。接下来，我们来对选景构图与风景写生色彩情感进行解构。

图 5-22　建筑钢笔画　严庭雯

前景：即离我们视平线最近区域，其内容多为植物、草地或地面铺装等配景。前景要求生动、自然的过渡，可以灵活安排。

中景：明确体现画面主题内容，是画面构成和表达的核心。

远景：即距离我们最远的区域，其内容主要烘托中景，应概括、简洁处理。

视点 A、B、C 的远近，如图 5-23 所示。

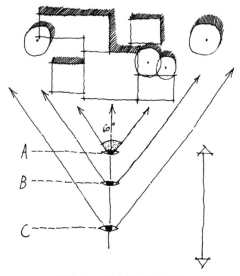

图 5-23　视点远近示意图

以 A、B、C 分别代表由远及近的三个视点来观察整个景观，画面产生了三个不同的效果，传达出了不同的场景信息。

A 视点构图整个画面以建筑为主，重点刻画建筑结构特征和建筑组合之间细节的关系。如图 5-24 所示。

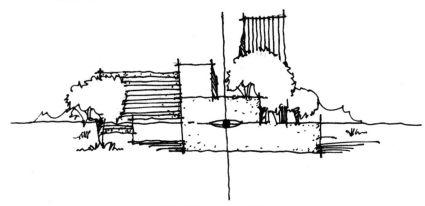

图 5-24　A 视点构图

B 视点构图主要体现建筑与环境之间的关系。如图 5-25 所示。

C 视点构图全面的表达建筑群体所处大环境的关系，主题在与表达宽广、深邃的画面情感，建筑群体细节忽略。如图 5-26 所示。

除了视平线和视点对于取景构图有直接的影响外，在刻画主体细节中，也要通过虚实对比来明确刻画目标。不同的取景构图方式选择取决于对风景的情感因素，始终保持对于景物的第一感受，以丰富的情感来带动画面色彩的塑造。

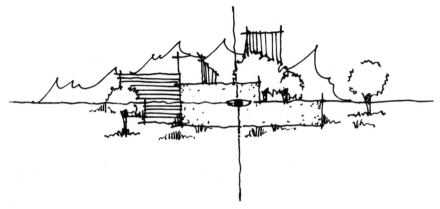

图 5-25　B 视点构图

图 5-26　C 视点构图　胡艮环

2. 场景主次、虚实、明暗关系

首先明确画面主体建筑位置，场景的选择、虚实、明暗关系刻画始终围绕着主体。取景常见的建筑主体的位置在中景部分，也是我们要着重刻画的部分，近景、远景概括即可，但如果画面主体内容在近景，那么在刻画的时候中景、远景次之，这样的描绘也是为了拉开画面透视的空间。需要注意的是即使在同一层次空间的内容，也要前后之分，适度的增加或减少。整体来说，把握画面前、中、后大的透视关系，通过线条的虚实、明暗在刻画中做到主体着实刻画，配景等次要部分次之，以此类推，做到画面有紧有松、虚实相间，使画面含蓄而丰富。

3. 画面整体统一

在建筑场景写生中，通常通过概括、简练来调整画面，经常会主观的对实际的场景内容进行取舍以达到整体画面效果的最佳表现，也可以通过移景、借景来突出主体内容的部分，在处理时要主观强调，比如植物配景自然式线条表现与建筑主体线条的不同，可以增加画面的对比，增加画面节奏。整体来说，在建筑钢笔画写生统一调整时，在造型以及构图中破坏画面主题的内容，可以主观的舍去或减弱，刻画不到位的要进行增加或强调。但这种取舍必须符合画面所有内容的协调性与完整性，如图 5-27 所示。

图 5-27　建筑场景写生　李江霞

5.5　建筑钢笔画写生步骤

建筑钢笔写生对于初学者来说，往往最难的步骤就是不知道该如何下笔，这是由于建筑钢笔画表现是建立在一定的美术基础训练之上的。初学者美术基础较弱，造型能力有限，缺乏得心应手的表现手法，在画面构图的组织能力上缺乏把控能力。在这种情况下，可以开始用铅笔像画素描一样用几何块面勾勒出大的轮廓以及周围配景大的位置关系，这样先把画面整体的构图与透视空间关系确定下来，然后再用钢笔深入刻画，在积累一定的经验和掌握一些技法后，可以用钢笔直接描绘。建筑钢笔画写生中，由于涉及场景较大，建筑主体、配景的透视有很强的空间规律性。

大部分初学者在建筑钢笔画场景写生选择所要场景时没有明确的概念要画什么，更多的是拿笔就画，盲目的选择，结果导致在整个构图中缺乏美感和目的性。建筑写生第一步是仔细观察，在起笔之前要仔细的观察建筑与周围环境，多换几个角度去观察主体，理清自己的思绪，然后进行最能感动或最具有美感的角度确定一个大的构图与立意关系。第二步是仔细分析和整理，对选择的建筑进行分析，一些特殊结构造型的建筑要从里到外对结构造型有彻底的了解，做到心中有数。整理就是确定画面中主体和配景之间的前后、大小、比例关系，画面的整体层次与透视是否协调等等，可以起个小稿反复修改后选择一个最好的构图，也就是画面最看起来最舒服的。第三步是动手，初学者在描绘过程中始终要注意画面的整体效果，这一点和素描色彩要求是一致的，忌一开始把某个局部细节刻画过于深入，过于完整，这样会使画面之间很不协调，整体推进，为后期协调画面留有余地。对于有一定功底的学生来说怎么起笔画就变得比较自由了，最常见的一种是从局部开始推着画，这种画法的前提是有很强画面控制能力，这种所谓的能力就是自身经验的总结。比如画一个局部的时候，可以根据这个局部在画面中的大小，推出画面中其他内容的前后、大小、比例关系，然后以这个局部向周围逐渐推着画，围绕着它的前后左右关系，这里再强调一点，局部推移中，哪个场景的线条压住另外一个或几个场景，这个场景就在透视空间中的前面，前后空间关系依此类推，剖面图的画法也是如此，但要注意的是场景表达中，这种类推要注意透视近大远小的空间关系。

1. 定位视平线、视点、构图和透视

建筑钢笔画最大的特点就是描绘主体体量较大，涉及的透视也多变。同一个建筑选择不同的视点、视平线就会产生截然不同的感受。所以，要想达到比较理想的画面效果，要对所选建筑主体在视点、视平线做合理的选择。初学者在把握不住整体的情况下，可以先用铅笔打出大轮廓，确保构图和透视合理。

根据已有视平线、视点后，开始起主体与主要配景的大轮廓线，初学者在这一步可以用铅笔起稿，画出大的透视线，这里的透视线是辅助画面空间进深的，不要求精确，准确即可，有很多学生因为在制图基础画法几何中所学的透视，导致一切力求精确，建筑钢笔画毕竟是为快速记录、构思所服务的一门手绘技法，准确即可，没必要在这点上死板硬套。有了大的透视辅助线，再依靠透视线画出主体建筑与主要配景大的几何轮廓即可，这个阶段要多对比每个场景内容之间的大小、前后关系，检查景物在画面中的安排是否符合画面的空间透视关系，如果整体关系协调就可以继续刻画了。如图5-28所示。

图5-28 定位视平线、视点、构图和透视阶段

2. 整体对比、局部刻画

这一步可以从建筑或主体景物入手，也可以从局部最感兴趣的内容开始。首先要将画面分为前景、中景和后景三部分，重点刻画前景建筑主体与配景，中景部分适度概括，主要是辅助前景主体的相互对比关系，远景画出形体轮廓即可，用线上也可以适度轻一些。整个画面要富有近、中、远的空间透视变化，层次丰富，过渡自然。在具体描绘中，要画出建筑主体的特点，要比较详细地对建筑构造、样式、肌理等特征进行刻画，除了比例、透视关系外，还要注意整体用线的疏密、虚实关系，适度进行取舍。如图 5-29 所示。

图 5-29 整体对比、局部刻画阶段

3. 仔细观察、深入刻画

在有了前两步的基础之上，就可以用钢笔工具逐步对画面内容进行刻画，在这里要注意的是，一般古典建筑、传统建筑、民居等外部造型内容丰富，在刻画的时候要对建筑结构仔细刻画，而现代城市造型偏重于几何形体，造型比较单一，如果单独描绘建筑本身，画面略显单调，这样的话要注意建筑层数较高，可以选择由上至下的原则，因为高层建筑上部透视变化较大，下部要通过周围配景来丰富单一的造型，使画面生动。由于建筑钢笔画不可修改，在刻画的过程中，要注意主体和配景刻画多少的相互关系。首先要明确的是建筑主体为中心，画面中首先要表现的是建筑本身，大部分的笔墨都应该以刻画它为主，而配景虽然造型丰富，但是刻画仍然是为强调主体而服务的，如果配景笔墨过多，势必会喧宾夺主，造成画面主体不明确，而如果配景刻画不够，会使画面主体单调乏味，缺少生气。

刻画有交叉而无交错。先刻画画面空间中前面的景物，然后依次类推，物象与物象之间的线条可以有交叉关系，但是没有交错的线条，交叉关系可以体现丰富的前后穿插关系，而交错的造型会让画面前后关系显得混乱，导致画面关系混乱，没有层次之分。

在刻画过程中，隔一个时间段停下来，远距离看一下自己的画面内容，这个时间段根据整个写生程度来定，一般是在收尾的阶段，远距离调整画面，静下来想一想画面组织关系哪些需要补充哪些需要减弱，在细节刻画过程之后，整个构图、透视空间是否因内容的描绘而合理，主体与配景的刻画是否协调，符合整个画面关系，画面层次是否清晰，并以此进行修改。最后，在不影响画面客观环境的情况下，为了强化主题，增加艺术感染力，可以适度的对画面进行一些主观的改变，这些取舍都需要有长期的经验积累而来。如图 5-30 所示。

图 5-30　深入刻画阶段

5.6　建筑钢笔画写生中常见的问题与解决方法

由于建筑学专业学生大多数都是全日制理科生，入校之前绝大多数没有美术基础，初学最常见的问题是，在刚开始几笔画错后，会直接影响绘画心情，导致画面无法继续画下去，由于害怕上述问题反复出现，甚至会对这门课程丧失兴趣。在初期常见的作业中，很多都是画面中只有几条透视线，或单一的一个小局部，半途而废，这还是由于对这个专业理解不到位的原因。常见问题可以归纳为以下两点。

1. 空间的概念

绘画者没有对画面空间造型及构图有成熟的认识，画纸上本身就是塑造一个独立的空间，这个空间内的画面形成同样需要内容的填充来体现，这个具有前后、远近、大小对比关系的画面空间是通过写生主体与配景之间的关系来体现的，而大部分初学者学习了基本的透视规律后，描绘运用中也非常机械，要明确所有的透视关系是隐含在画面内容中的。解决这个问题的办法是，用铅笔起稿，将建筑主体、配景归纳为简单的几何形体，需要注意的是所有内容之间的前后关系，也就是说两者谁在前，在前面一方就遮挡另一方，以此类推，这里需要注意的是透视近大远小的基本规律。

2. 从局部出发的问题

一般来说，有一定绘画基础的学生，老师要求都是直接用钢笔来画，这样才不会导致学生对铅笔橡皮的依赖，养成下笔不准，反复涂改的毛病。也只有这样画的作品才具有真实生动的情感。这种直接拿钢笔训练的初期，由于学生还没有建立一个画面空间整体的把控认识，往往画完几笔或一个局部后感觉所画内容不舒服，不协调，甚至是错的，其实这是一种只见树木不见森林的想象。始终记住，纸面上所描绘的空间是经过艺术升华的一个独立空间，在真实建筑钢笔画场景中，我们看到所有场景内容的大小、前后、远近、形态等都是由于我们的视觉中形成的一个自然对比而得到的。写生绘画中的空间如同真实的空间一样，如果所描绘的内容缺乏与周围环境对比的关系，我们怎么可能来确定这个内容的长宽高和形态呢？所以，解决这个问题的方法就是画完一个局部或几条线，如果觉得不对的话，更多的是因为画面其他内容还没填充上去，前后大小空间缺乏对比关系，坚持把这个画面画完之后往往会发现刚开始那些局部或线条在纸面的空间中是对的。另外，即使局部或线条画错也没关系，因为线条和局部造型本身并没有"错"的概念存在。因为所有的绘画都不是真实的反映客观场景，纸面中所描绘内容的组织协调关系组成正确的空间关系才是目的，而这种所谓"错误"的线条在高度熟练之后，也就成为自身的一种风格。

图 5-31 为零美术基础学生的初期钢笔画作品，虽然线条、造型还显生疏、生硬，但能够比较稳定的把握住整体的关系，将概念带入画稿中，只需稍多练习就会有质的提高。

图 5-31　初学者钢笔画作品　时薏

小结

建筑钢笔画是一项绘画与技术相结合的综合练习。对于美的认识是建筑设计师的基本修养，一副优秀的建筑钢笔画不是机械的反映所描绘的对象，而是要通过艺术的处理方式，使作品更具感染力，因而美术是建筑设计师的基础课程。建筑钢笔画的训练包括建筑结构、造型、空间、质感等多个方面组成，建筑设计师通过绘画的方式来理解和表达建筑的方式。它作为一种绘画性质的图示语言，使构思视觉化，设计师通过这样的表达能够使抽象的设计理念转化为具体形象，并进行准确的表达。

本章重点学习内容提示

1. 明确用线条塑造形体中，线条有交叉而无交错的一般概念。

2. 构图与透视的塑造直接影响到画面，在起稿初期建立空间体块的概念。首先要认识到建筑场景写生不是真实的反映客观场景，而是纸面中所描绘场景内容之间组织协调关系组成正确的空间关系才是这门课程的目的。

3. 在描绘中要明确主要刻画主体，初期常见问题是整个画面缺乏主次关系，画面内容刻画平均。

本章作业安排
本章课时为 40 课时

1. 线条训练、材质训练、体块与体块组合训练 2～4 幅，纸张 A4。

2. 建筑临摹、建筑小品、配景临摹，照片改绘 2～4 幅，纸张 A4。

3. 建筑场景写生 2～4 幅，纸张 A4。

4. 综合表达 1～2 幅。运用所学过的造型元素组合表达，从设计主题、文化风格、材料使用等多方面考虑，符合构图、透视、造型的要求，完善画面。纸张 A4。

第 6 章
色彩

　　色彩是绘画艺术的一种形式因素，作为艺术表现最主要的语言之一，色彩具有独立的审美价值。对于初学者来说，怎么样去认识和掌握色彩，如何使色彩在绘画、设计表达中发挥更好的作用，这就需要在色彩临摹、写生中训练正确的色彩观察方法和表现能力。这就要求大家了解一定的色彩基础理论知识，掌握色彩的使用方法和规律，做到理论与实践相结合，并最终为绘画及设计服务。

　　我们生活在一个色彩的世界里，在太阳光线的照耀下，任何事物的存在都展现着不同的色彩。色彩通过人的感官，对人的心理和生理产生了相互的作用，在美学领域，色彩是一个重要的研究课题。色彩，就其属性而言可分为无彩色和有彩色，世界外物的千变万化都与它息息相关，它广泛应用与各种学科领域。在建筑学、风景园林设计、规划等相关设计中，它的应用对以上专业从方案到实施的表现形式和性格特征具有很强的艺术感染力。色彩自身的属性就已经决定它是其他表现形式无法比拟的。由于建筑专业绝大部分学生都是理科生，缺乏相关的美术背景，很多学生甚至初期连基本颜色名称都不能准确表达，所以色彩作为建筑专业一年级的必修课显得尤为重要。同时，色彩的认知也是一种基础的审美培养，这种审美始终贯穿于设计师的一生。

　　在高等院校中，水粉、水彩课程是建筑设计类专业学生色彩训练的必修基础课程，开设学年一般为 2 个学年。色彩绘画首要目的是提高建筑类专业学生的修养，而这种艺术修养对于学生的直观反应是在设计中色彩以及色彩情景的运用，比如，建筑设计快速表现与渲染，而潜在反应的是艺术修养直接影响到学生的未来建筑设计创造性。

6.1　光与色的空间关系

　　自然界的光源来源于太阳，英国物理学家艾萨克·牛顿（Isaac Newton）用三菱镜把日光分解为红、橙、黄、绿、青、蓝、紫（图 6-1）七色光，又称为（可见光辐射又称光合有效辐射），也就是太阳辐射光谱中 0.40～0.76 微米波谱段的辐射。我们雨后最常见的彩虹就属于这个范围，这些颜色以及它们的相互融合造就了自然界千变万化的色彩，而这七种颜色我们称之为基本色。

　　在客观世界中，由于我们所处的大气中有微颗粒、水蒸气、灰尘等，我们在实际观察物体时，眼睛所反映的色彩并不是直观的一个物体色彩反映，比如我们在近距离内可以清晰地看到物体的形体结构和色彩特征，但在远距离观察时却变得模糊不清，这也是由色彩环境和我们自身的生理因素造成的。任何场景的内容构成形式随着空间透视距离的变化而变化，色彩关系也随着增强或减弱，这也是色彩建筑表现的基本规律。举例来说，在一个画面中如果远景和近景的描绘细节程度一致，颜色都对比鲜明，那么画面会显得杂乱无章，没有秩序；画面中远景描绘细节程度高于近景，颜色鲜明对比程度高于近景，画面的视点中心就会出现在远景中，从而影响到了整体的画面空间感。对于学生的一些通病是随兴趣而发，喜欢什么就过多描绘，从而忽略了画面整体的色彩关系。这个问题不只是色彩关系的混淆不清，也包括取景、构图的内容，所以在选择表达的场景时首先要明确主题，确立构图，一副优秀的绘画作品是这些内容的整体把握。所以，我们在色彩静物、建筑、风景写生时要通过空间来观察物体的远近，轮廓结构的清晰模糊，色彩关系鲜明灰暗与否都与空间成分的变化而变化。在色彩调和时要特别注意色彩空间透视的规律，这一点对于建筑和风景写生尤为关键。

6.2 色彩的基本要素

1. 色相

色相，即色彩的相貌，色彩的首要特征，也是区别于其他颜色的基本内容。从光学物理上讲，各种色相是由人眼对射入光线的光谱成分决定的，因此，除了黑白灰，世界上的任何颜色都具有色相的基本属性，如我们常用颜料中的各种颜色名称就是相对它的色相而言，如大红、天蓝、土黄等等。一种颜色的色相变化是由原色、间色和复色的构成变化决定的。

2. 明度

明度，即色彩的明暗程度。当光线照射物体时，由于物体的材质的不同导致它们的反射光量不同而产生的颜色明暗强弱的区别，在这个过程中，物体反射产生色彩层次及色彩明暗的变化称为明度。以我们所用的颜料绿色为例，分为浅绿、中绿、深绿，这三种颜色有明显的视觉明度差别，其中浅绿的明度最高，中绿次之、深绿最低。这是由于白色与黑色是色彩明度强弱的两极，在色谱中，趋向白色的颜色明度越高，趋向黑色的颜色明度越低。我们在色彩课程初期做明度推移作业时，同一颜色加白或加黑就可以产生不同明暗层次。另外，除了同一色相有明度不同之外，不同色相也有着明度的差异，这是由不同颜色的纯度决定的。黄色明度最高，红、绿色次之，蓝紫色明度最低。光线的强弱、远近、角度、物体固有色的不同等都是产生色相明度变化的元素。

3. 纯度

纯度，即色彩的纯净程度或鲜艳程度，也称为彩度、饱和度。任何色彩中所包含的有色成分比例越高，则纯度越高；有色成分越低，则纯度越低。光谱七色为可见光色中纯度最高的颜色，色彩饱和、纯净、鲜明，称之为极限纯度。降低色彩的纯度可以通过掺入黑、白或其他颜色。比如将红色调入黑色，会发现红色转变为灰红，随着调入黑色比例越多，红色的纯度也就降低越大。当掺入颜色达到一定比例时，原来的颜色失去了本身的色彩而转变为这两种颜色的混合，这是由于大量的掺入其他颜色而使原来的色素趋同化，改变了人的视觉感知。对于初学者明度和纯度有时会混淆，色彩的明度变化往往会影响到纯度，如红色加入黑色以后明度降低了，同时纯度也降低了；如果红色加白则明度提高了，纯度却降低了。除此之外，水粉、水彩可以通过水的稀释来降低纯度，在纸面色彩水干之后会偏灰暗。

6.3　色彩的混合

色彩混合分为色料混合、色光混合和空间混合，色料混合即颜料混合，这是我们在这个课程绘画中如何调颜色的基本原理。色光混合是色彩光线的混合。空间混合是指不同颜色反射的光线在人视网膜上形成的一种色彩关系，比如我们看远处的大海和蓝天，可以看见眼前的海平面和蓝天两种不同的颜色，最后融合为一种颜色消失在地平线上。这里我们将形的合一称为形体透视缩减，色的合一称为色的空间视觉混合。空间里都有形的透视缩减，同样都有色的空间混合，这是由眼睛的感觉方法所决定的。以法国画家克劳德·莫奈（Claude Monet）点彩油画为代表的印象派就遵循这个视觉规律，色彩具有很强的空间感。

1. 原色

原色即红、黄、蓝三原色。如图 6-2 所示。这三种色为颜料中最基本的颜色，它们三种颜色的调和可以调出任何其他颜色，但其本身不能被其他颜色所调出，自身也不能再分解。三原色等量混合得到黑色，但这只是存在在理论中。在实际运用中，颜料材质、纯度、干湿等因素都是需要我们实际经验的运用和积累，所以我们要充分运用多种的颜料来表达。

2. 间色

间色又称"二次色"，三原色中任何两个颜色等量混合所产生的颜色就是间色。三原色中的红色与黄色等量调等于橙色，把红色与青色等量调和等于紫色，而黄色与青色等量调和等于绿色。在调和时，原色在调和量上的不同，就能产生丰富的间色变化。例如红与黄调和，红色成分多就得到橘红，黄色成分多就得到中黄，其他以此类推。

3. 复色

两个间色或三个原色调和所得到的颜色称为复色，也称为三次色，再间色。调和比例的变化和色彩明度、纯度的变化使复色包括了原色和间色以外的所有颜色，它即可以是三个原色各自不同的比例调和而成，也可以是由原色和包含有另外两个原色的间色调和而成。

4. 补色

补色又称互补色，余色，也称强度比色系，就是两种颜色（等量）调和后为黑灰色，色环中的任何直径180°两端相对之色都为互补色关系。在色相环中，一个原色与之相对应的间色，比如红色与绿色、黄色与紫色、蓝与橙互为补色关系。由此我们可以得出补色对比是色彩中最强烈的对比关系。在日常的色彩观察和感受中，补色对比关系是一种普遍的存在，任何一种色彩都有着与其相对应的补色关系。最为简单的例子，在我们观察白色墙面的时候，我们可以看到白色墙面受光面所反射的颜色中发橙色，而未受光的背面与受光面一起观察时呈青绿色。再举一个例子，当我们盯着红色背景的幕布时，我们会发现似乎有绿色的存在，反之，当我们盯着绿色幕布时会感觉有红色的存在。这些色彩的反应都不是色环中所显示的内容，而是由于人的眼睛在外部色彩强烈刺激的情况下就会自动调节的生理反应。同样的道理在色彩描绘中也是如此，比如在一组红色幕布为背景的色彩静物中，在我们观察静物之间的色彩关系时，灰色的静物与红色背景在对比中会产生偏绿的成分。这同样也是生理视觉形成的视错，这种视错主要显示出色彩对比中的补色关系。在我们平时观察及表现色彩绘画时，对于这种色彩的一般性规律的了解与掌握对于调高表现能力，增加画面美感有很强的实践性。

6.4 构成色彩存在的基本要素

同素描一样，色彩同样也是借助光线在物象上的反射产生色彩效应的。构成色彩要素的基本要素包括固有色、光源色和环境色。

1. 固有色

物体自身的颜色。我们看到物象的色彩都是在常态光源照射的条件下，物象表面吸收并反射的部分色光所呈现的色彩，这种正常光源条件下看到的色调我们称之为物象的固有色。

2. 光源色

光源色指发光物体的颜色，世界万物没有光源的存在也就没有色彩，常见的光源包括天空和灯光，它们发出的光，根据光波的长短、强弱、振幅的不同形成冷暖、强弱的光源色，这些不同光线对于照射物象所反应的颜色有着明显的不同，这一点尤其在户外写生中明确体现。需要注意的是色料三原色互相不断调和，颜色变黑，而色光三原色混合，颜色变白。

3. 环境色

与素描相比，色彩的环境色对物象影响更加明确。任何处在一个空间中的物象都不是孤立的，它自身的色彩必然受到其他物象和周围环境的影响。环境色在物象的暗部和亮部都有明显反应，一般暗部反映较明显。环境色的存在和变化，加强了画面相互之间的色彩呼应和联系，能够微妙地表现出物体的质感。环境色也同样控制着画面整体的色彩情感，进而也体现着绘者的艺术情绪。

4. 投影色

由于照射光线被物象遮挡，物体背光的颜色部分称之为暗面，物体背光部分出现在地面的阴影部分称之为投影色。一副色彩投影是否处理恰当往往会对画面的灵动性产生影响，初学者往往画得黑而平，画面显得死气沉沉，归根结底是素描关系与色彩观察的问题。通过基础素描的练习我们了解到投影越接近物体的根基部位，色彩明度越低，距离物体越远时，受到周围物体反光的影响，其颜色也就越浅。同时，投影在静物或风景写生中同样体现着层次变化，距离远的物象投影色彩模糊，距离近的物象投影色彩统一而富有变化。一般情况下，由于受到光线的影响，投影倾向于冷色，与受光面的暖色形成对比关系。另外，在户外风景写生中，投影会随着时间光线的变化而变化。

6.5　色彩与视觉心理

我们日常所看到的不同的色彩会对人在视觉上会产生不同的感受，从而产生不同的心理联想，这是由于色彩的多方面原因导致的。

1. 色彩的空间透视

在我们生活的空气中含有大量的微小灰尘、气体等物质，我们在一定距离中来观察物体，其色彩鲜明与灰暗都会因为空气的成分影响发生着变化，这种色彩空间透视视觉方式也符合我们的视觉习惯。近暖远冷、近鲜明远灰暗是色彩空间透视的基本规律，在空间中一切物体的形态特征随着空间距离的变化而变化，这个物体的色彩属性也随之增加或减弱，这一点尤其在色彩风景写生中得以体现，这种色彩的一般性规律也构成了自然美丽丰富的色彩变化，所以我们通过色彩静物、色彩风景写生时，对画面色彩的空间处理要特别注意研究色彩空间透视的变化规律。

2. 色彩的冷暖

冷暖也称为"色性"。也就是对色彩感受所产生的心理因素。当我们见到红、橙、黄等这类类暖色时，会自然联想到阳光、火焰等，潜在的产生热情、温暖、活泼的情绪。见到蓝、紫、青等冷色时，会让人联想到海洋、冰川等而产生宁静、深远、孤独的情感。这是由于人的视觉感官对色彩的生理反应。比如，在节日中，我们多用红、黄等暖色来装饰环境，以显示热烈的节日气氛，这同样也是对于色彩的运用。冷暖色彩在心理上产生的种种反应不是孤立的、绝对的，是需要与绘画、设计内容等其他因素相联系、相结合而产生。色彩冷暖的变化产生的前后空间感，物象三维的空间透视变化是造型艺术的基本规律，我们观察、描绘静物、风景和建筑的时候，与素描一样，色彩本身是具有空间透视变化的。正常情况下，暖色给人以前进感，而冷色给人后退感，这是由于有色光波长对于人视觉神经的刺激所决定的。比如，在一组画面中，同样的静物离画者近的我们会主观适度的处理得鲜明一些，体积结构明确一些，而离得远些的我们会适度的与背景内容颜色上相融合，这本身就运用着透视中的近大远小的透视规律来加强画面的空间感。除了物体本身具有透视规律之外，色彩近景对比鲜明，远景统一概括，整体色彩关系暖色向前，冷色退后，这些都是色彩具有的空间透视规律的体现。

小结

通过色彩临摹、写生训练正确的色彩观察方法和表现能力，掌握色彩的基本要素和规律，将对色彩的认知过程转化为基础的审美培养过程，从而提高学生的艺术修养。

本章重点学习内容提示

1. 色彩的基本要素。
2. 原色、间色、复色的概念。
3. 固有色、光源色、环境色、投影色的概念。

本章作业安排

了解色彩存在的基本要素，在平时观察时将这些要素主观带入视觉中，去发现现实生活中的一些色彩规律。

第 7 章
水粉

水粉相对于水彩来说，它们的共同特征都是需要用水调和颜料，虽然水粉也可以像水彩一样表现非常融合的色彩，但是它没有水彩颜色那样透明。相对于油画来说，它们的共同特点是都具有颜色覆盖的特点，但是油画颜料是用油来进行调和，本身不会出现干湿变化。而水粉颜料在画面的干湿变化是它的一个最重要的特征，也是初学者必须知道的一个重点。所谓干湿变化就是指在调节水粉颜料时，我们在颜色中掺合水进行调和，粉对水色流畅的活动性会产生一定限制，在将颜色刚画到画面中的时候是含有水分的，色彩饱满、丰润，但在画面风干之后，由于粉干后色彩明度、纯度降低的作用，颜色失去光泽、饱和度，调和之后纯度都大幅度降低。整个水粉绘画的过程其实就是个颜色叠加的过程，底色的色彩多与少在水分干后都是对表层颜色产生作用，这也是它最难以掌握的特点，但也是水粉画区别与其他画作的特性，所以在描绘中，要适度主观地加大色彩关系的对比，注意色彩的纯度关系。

7.1　水粉工具介绍

1. 纸

纸种类包括素描纸、水粉纸、水彩纸、绘图纸、卡纸等吸水性较好的纸，不同的纸表达的效果也会有所不同，对于纸张的熟悉需要养成一定的个人习惯之后，根据自己的喜好进行选择，初期选纸的时候注意有的水粉纸纸面附着有一层蜡，颜色第一遍很难附着，如果实在无法确定，可以选择较厚的素描纸代替。

2. 裱纸

水粉由于调色所用水分使纸面起皱、起卷，导致无法塑造并影响画面效果。为了避免纸张起皱，在作画之前将画纸裱在画板上。裱纸的方法是将纸平展的放在画板上，用清水很薄的均匀刷在纸的背面，用水溶胶带平整地紧贴四个边缘，要注意的是保证画纸下不漏气，等待水干即可。

3. 颜料

颜料常见种类包括管装和瓶装两种，瓶装的另一个名称为"广告色"，两种色彩没有本质上的区别，但根据个人的了解，吸管状颜料的色彩饱和度要高于瓶装广告色，也就是说吸管装颜料之间色相、纯度、明度更加明确，整体颜色对比鲜亮，而广告色略微发灰。此外，管装的颜料也便于携带（图7-1）。市场上的色彩品牌很多，优劣有别，在选择的时候要充分注意。

水粉常用颜色种类：白、黑；

红色系列：大红、朱红、深红、橘红、西洋红、玫瑰红；

黄色系列：柠檬黄、淡黄、中黄、土黄、橘黄；

蓝色系列：普蓝、群青、湖蓝、钴蓝、紫罗兰；

绿色系列：草绿、深绿；

其他常用：赭石、熟褐。

4. 调色

水粉色挤入调色盒中，要按照色相环的顺序，将色彩进行分类，方便使用调和，另外，白色建议挤两个格子，原因是白色用量大，一个格子白色用以调节其他颜色，另外一个只是在强调或收尾的时候用，这是由于白色使用频率较高，格子中色彩混合导致纯度降低，不适合画高光或调和其他颜色表现明度、纯度的色块。

5. 水粉颜料保存

养成保持颜料干净的习惯。在画完之后，可以到水龙头处，把笔洗净之后，用笔洗干净调色盒上的杂色，保持颜色单纯，方便下一次使用。

6. 笔

笔在选择的时候要选择羊毫制作的水粉笔，这种笔吸水性较强，市面上还有狼毫或叶筋笔，建议初期不要选择，这两种笔吸水性不强，画水粉表现一些特殊效果，可以根据自身对工具的熟练选择。另外一点就是大小笔号的选择，初期水粉认知更多的是用块面来塑造形体或场景，主要的体现方式是笔触，它用于体现色彩的块面性，所以小号笔几乎不常用，在描绘中，主要用中号笔塑造形体和画面，建议3～8号为主。水粉颜料含有胶状物，画完之后如果笔上颜色不再需要，马上洗掉，保持笔头不含颜料，使之干后恢复原形。

7. 竹制笔帘

将画笔清洗赶紧之后，放入笔帘中卷起来，这样可以保护笔毛不被损坏。

8. 吸水布

吸水布是一种水粉常备的吸水工具，它的主要功能是控制笔中的水分多少，在塑造过程中，为了保持色彩明确，在调和颜料时，需要笔中含的水较少，在洗笔之后，通过吸水布来控制笔中的水分。

户外写生工具：户外写生是色彩的一个主要课程，主要工具包括画板、折叠画架、画凳、折叠水桶、吸水海绵、笔帘、胶带、图钉、水溶胶带等等。

以上水粉工具需要初学者在不断的运用中去找到适合自身的规律，工具相同，而画面的效果是根据每个人不同的熟练度和个性所定的。

7.2 水粉技法介绍

色彩写生中都很讲究技法，其中包括调色、水分控制、用笔等等，技法只是一种手段，无论什么技法，都是为了增加画面的效果表达，使用方法要根据画面需求而灵活运用。水粉技法的表现形式主要有干画法和湿画法。

7.2.1 常见的表现技法

1. 干画法

调色的时候水粉颜料多水少。在完成第一遍湿画法、颜色铺出整体色彩大关系后，采用干画法先深后浅，从大面到细部的过渡，多遍覆盖和深入，画面越来越充分，并随着由深到浅的进展，亮色物体和主体亮部细节刻画要通过不断调和更多的白色颜料，以此提高画面中主体的对比关系。如图 7-2 所示。

优点：调色时少加水或不加水，使颜料调和近似一种膏状，这种水粉画法使色彩干后变化不是很大，所以干湿变化影响较小，可以表现丰富的色彩层次。虽然这种方法运笔比较涩滞，但刻画物体具体和结实，便与表现物体明确的形态与色彩关系，比如在色彩对比强烈的转折处，画面主体物体的亮部及高光处。由于受干湿变化影响较小，色彩调和后与底色不易融合，在局部细节刻画中，一定要非常注意色彩结构关系观察准确，落笔肯定不含糊，不拖泥带水，每一笔笔触都代表一定的形体结构、转折等色彩关系，这种方法主要用于刻画静物或场景主体内容的受光面的色彩关系，也就是我们常说的出彩的地方常用这种方法来表达丰富的色彩关系。对于初学者来说，干画法色干后干湿变化不小，对于练习和培养色彩认识有明确的帮助。除绘画外，造型基础的色彩构成一般也都是运用水粉来制作，目的也是色彩认识和培养。

缺点：画面中如果没有湿画法的铺垫与衔接，会使画面物体形态刻板，无灵动生趣。由于水粉干画法干湿变化不明显，色彩明确，可以强化物体的轮廓及色彩关系，但是过多使用在暗部及远景关系表达中会显得过于生硬，难以含蓄和用色彩拉开场景空间感。

2. 湿画法

与干画法相比，在色彩调和的时候，用水多，色粉少。在这一点上，这种方法与水彩画有相似之处，也是充分发挥水在色彩调和中的作用，用水来稀释色粉渲染画面。如图 7-3 所示。

优点：这种画法色彩清润，色彩借助水的融合，在表达形体结构边缘与背景空间的色彩微妙关系时非常的统一而丰富。在画面中趁颜色含水未干，接上其他笔触，使色彩之间通过水在画面中互相融合，这样的颜色自然而富有变化。也可以用其他颜色加水进行渲染过渡，反复多变后会使单薄的色彩更加富有内涵、厚重。适合表现画面中物体的暗部，虚面，在外景中适合表现画面中的远景，比如远处天空、水景、山体、建筑、大面积的绿植等等。

缺点：湿画法也可以在一定程度上像水彩一样明快透亮，但是技法相对于水彩比较难以掌握，因为水粉颜料粉状物颗粒较粗，水粉本身又具有干湿变化的特性，如果在画面中反复涂抹，画面干后会显得泛白、灰、脏，在调色时用白色要谨慎。在表现近景中，如果全部为湿画法，画面会显得轻薄，会使物像结构松散，整体色彩关系含糊不清。

3. 干湿结合画法

一张完整的水粉画一般都是由干画法和湿画法结合运用。主要运用方法是，远景背景运用湿画法，近景物象用干画法，表现物象的受光面体面转折、明暗对比强烈的结构等实的内容用干画法，阴影部分、投影、背景暗部等虚的地方用湿画法。整体来说，干湿灵活运用，画面大关系湿画法多一些，主体塑造用干画法多一些。如图7-4所示。

7.2.2　笔触的理解与运用

首先是对于笔触的了解。"笔触"也称为"肌理"，又称为"笔法"，是在油画、水彩、水粉画表达中最常见的一种用笔。这个词对于初学色彩的学生听起来比较多，但却是难以掌握，原因归根结底是由于素描造型基础薄弱。在基础素描造型中，从起稿用几何形体造型到用调子体现明暗阴影关系都是建立物象的空间体面关系。对于色彩笔触的理解，大多数学生的理解存在着误区。首先要明确的是笔触并不是在画面中一笔一笔的摆出来，很多初学者都是从字面意思来理解。在画水粉中，每一笔颜色既要考虑色彩的变化，又要考虑到素描的明暗因素和结构转折，色彩的关系塑造自然包括素描的形体塑造，色彩的表达也是围绕着形体结构进行表达，所谓的笔触就是贴着形体结构的色块，这些色块是一个非固定模式的"笔触"，它是以表达物体结构体积为基础的，有些时候结构转折就是色块的边缘。

1. 平涂

平涂有下笔轻重之分，以素描的塑造平涂画面。在第一遍上色时，颜色调和多掺水调稀，此时颜料选择很重要，建议大家用干后不易泛白的颜色，比如普蓝等。这种方法有两个功能，第一是用单色确定大的素描关系，第二因为含水较多，适合表现静物或场景大的色彩背景、投影、暗部等。根据前面所讲到的色彩关系，常见的冷暖色对比，以及冷色后退暖色靠前的视觉经验，画面可先画一层冷色作为背景，然后添加暖色用以丰富整个画面空间。除冷暖外，色彩的明暗也是处理画面前后关系的一种方法，先画重颜色，在画面干后再添逐渐加亮色，这样的画面效果丰富，具有变化而含蓄。在这里要注意的是，水粉颜色材料具有明显的干湿变化，在上颜色，尤其是第一遍底色时，颜色调和不宜种类掺合过多，在用到黑白色调和背景颜色时，尽力做到色彩准确，笔触简单到位，如果反复修改暗部会使颜色不断叠加，底色白粉往上泛，使颜色失去明度纯度属性，画面显得灰、脏。

2. 摆色块

摆色块就是将一笔颜色画到纸面上，留下笔触的痕迹。在静物写生和户外写生时，这种方法运用较多，它主要是用于强化主体物象的表现，色彩调节饱和度高，颜色关系明确，结实有力，用以强调画面主题，体现前后空间关系。需要注意的是，同一色调笔触不应反复出现，在摆笔的过程中，要根据形态关系塑造。

3. 洗和揉

在塑造中，需要将不同的色块进行融合，可以用洗和揉，洗就是用少量的水，揉就是用少量的颜料，在需要融合的色块之间来回轻用笔进行洗揉，将色彩自然的融合到一起。这种笔法一般用于体面关系丰富统一的色彩，自然过渡。

4. 拖笔

拖笔用笔走向较为轻松，线条婉转自然，多用于表现景物纹理、质感，较多用在交代物象形体转折的纹理变化和水体的波纹等等。

7.2.3　色彩写生的观察

室内的静物写生有着光源、物象长期稳定的特征，对于初学者来说，这是观察和研究色彩规律，熟悉工具材料最有效、最深入的方法。除此之外，水粉静物写生本身作为一种艺术形式，具有独立的审美价值。

在描绘一组静物或风景时，无论是素描还是色彩，首先要做的是观察整体，水粉学习的过程与素描一样，是一个逐步了解研究色彩规律，不断完善观察方法的过程。在实际教学中，以下两种情况非常常见，很多学生要不就是看到静物或风景，起笔就画，要不就是干瞪发呆，不知道从何处着手，这样导致的结果就是画面出整体布局，结构丢失，内容之间要不太紧，要不太散，缺乏色彩造型联系。以上问题的根源是在于观察方法的问题，心中没有一个整体思路，观察与描绘都陷入"对着物体抄"的模式中去，视点零散，缺乏内在联系与生气。

绘画自身就是个读图说话的内容，初学者要多欣赏大师作品，培养色彩感觉和"美"的意识。这里的欣赏并没有规矩限制，所见到的内容都会在未来或多或少对绘者造型产生潜在的影响。另外，在学习过程中，可以请老师多讲解大师和优秀作品，并对作品色彩如何调和、塑造详细进行解构。

在初期面对色彩丰富的物象时，首先要确定的是把握整体的颜色倾向，以风景写生为例，首先感知天气的冷暖，考虑到表现画面所选用的主要颜色种类，哪些可以调和这种情感，然后用所选的色彩倾向，调和表现天空、远山、树木、主体建筑的颜色，依次如同素描一样，找出最暗、最亮、最暖、最冷的等级秩序，在画面中比较画面要素之间的微妙变化，局部色彩要服从整体色调。如图 7-5 所示。

7.2.4　选择视点

　　一组静物的摆放，从不同角度去观察，静物组合所产生的造型与色彩感受完全不同，每组静物因为角度不同，前后关系又发生着变化，这也就要求随着角度不同，所描绘画面的重点也会随之变化。正常摆放的静物组合中，在选择一组180°视点时，静物组合在45°~90°比较常见，这个角度可以看到全部静物内容，前后大小关系明确，由于前后没有遮挡，一般没有不可见静物，室内光线比较均匀，画面明暗有质，色彩关系比较清晰。当然根据每个人需求不同，角度选择因人而异，极端角度所描绘的画面所产生的情感和常见角度完全不同。在选择视点的同时，要把握所选角度画面中的主要色彩倾向，比如从整体色相上来说是蓝调子、红调子或者其他色调等等，从色性上来说整体颜色偏冷还是偏暖，从前后关系上来说是鲜色调还是灰色调。在这些大的内容都确定的情况下，开始考虑静物物体之间的关系，如何从色相的角度去区分静物摆放的相同物体，如苹果、鸡蛋、蔬菜等等，让单调的静物组合看起来丰富，让画面做到"同而不和"，如何从明度和纯度上去拉开主题静物和背景的静物的空间关系等等。以上这些内容都属于前期观察的范畴，也同样属于构图的范畴。前期做好铺垫，在后面描绘的时候就会做到心中有数，不会出现画不下去，或色彩照搬的问题。

7.3　色彩临摹

　　在进入正式的写生之前，零美术基础的初学者以实际联系理论进行临摹是一个快速对工具以及色彩塑造进行了解的方式。

　　对于建筑学、城乡规划、风景园林设计专业的理科生来说，几乎所有的学生都是在进入大学之后才第一次接触到绘画，而色彩对于任何初学者而言往往都是一种感性的认知，常态是勇于实践但又被无从下手或色彩表现无法达到预期所气馁。初学者往往不是不认真对待理论知识，而是由于缺乏对色彩材料的基本认知而看不懂理论，所以，这里我们要强调实际联系理论，建议初期可以临摹一些色彩塑造简单的作品，在对色彩材料属性和塑造原理有了基本的实践之后，再回到理论中，这样对色彩的理解也就更通俗易懂了。理论来源于无数画家经验的总结，用实际读懂理论并转换为自己的方式，是色彩表现快速提高的最有效途径。

　　在初学阶段，水粉、水彩静物或风景的临摹对学习色彩非常有效果，通过临摹他人的作品来学习和了解色彩绘画的技法，从色彩理论转变为实际的技法操作。在这里要首先要明确的是，临摹只是一种初期认识色彩、熟悉材料、理解理论的辅助手段，不可以此来代替写生。对于初学者来说，临摹作品的选择至关重要。选择临摹作品的前提是，画面中色彩的塑造方式、技法和色彩关系自身是否能够理解，如果没有针对的盲目选择，往往不解决任何实际问题。

　　在初期选择优秀作品时最好是可以找到原作，首先是临摹时选择画幅尺寸比例要与原作一致，很多初学者在选择中认为这是个小问题，而在塑造中，由于画幅尺寸与原作比例不一致，导致画面造型难以协调，空间关系混乱，难以继续深入塑造，失去兴趣，甚至用编的方式来画完画面，慌不择路。对于初学者来说，临摹的目的都已改变，其结果可想而知。

其次，所选画面要求内容简单，色彩层次清晰，作画步骤明确，特殊和偶然技法运用少的范画。这些画面中能够直观反映出绘者的作画技法，比如形体塑造笔触走向、色彩叠加方式等等。其中，要针对某个画家或某种技法塑造进行具体研究，这样可以了解画家的具体的技法以及作画过程，可以说临摹是非常有效的。对于临摹，下笔之前要对画面有明确针对性的分析，弄清作品中的绘画步骤的前后，在色与笔中技法的运用，做到心中有数，步步为营，而不是看一笔画一笔的被动照抄。

再者，在临摹中首先要抓住整体关系，不拘泥于局部细节，在大关系明确的情况下，细节内容不必做到一模一样。临摹的目的是认知和了解色彩的塑造方式，解决的是概括和归纳色彩的能力，绘画本身就带有主观性，而不是被动的照搬过程。如图 7-6 所示。

7.4 水粉静物写生步骤

对于初学者来说，一张优秀绘画作品的描绘，都应该遵循从观察、构图、起稿、着色再到深入刻画的这个基本步骤，这种方法可以最大程度的控制整个画面，对于色彩塑造的培养和训练来说是非常重要的。画水粉的方式有很多种，书中选取广州美术学院梁山老师作品，来对具体步骤进行解析。

1. 起稿

起稿内容同素描起稿一致，第一步，静物写生构图要根据具体角度选择所描绘主题，以此来确立横向或竖向构图，构图简化为几何形体，常见的一般以三角形构图为主，其他还包括圆形、矩形等等，整体来说就是要归纳为简单几何形体即可。在这一步一定要注意画面整体构图大小、方向合理，物体空间布局协调，同时准确把握好物体的造型关系和透视关系。对于初学者来说，起稿一般用铅笔，待熟练以后可以直接用色彩起稿。建议先用铅笔在纸面上画出静物台的平面与立面的分割线，这样做一方面可以用线条画出一个平面和立面的空间，另一方面可以在静物描绘时放在这个空间中进行对比，强化空间的关系。在构图确定之后，可以用单色（群青、普蓝、褐色）画出大的形体和明暗关系。在这一步中要强化物体的明暗交界线、光源的方向、阴影的位置等，最大程度的体现素描关系，需要注意的是第一单色不要选用色相纯度太高的颜色，建议用普蓝。第二步，对于初学来说，单色描绘的目的是塑造形体过程，所以明确明暗交界、暗部、阴影即可，不要用单色描绘静物的亮面。起稿本身也是上色过程，也是为后面的上色做基础，在局部暗面的颜色，从单色开始到结束都可以不用再覆盖颜色，所以起稿一定要严谨认真，通过对比反复推敲形体的结构和整体的比例关系，使画面各局部逐步准确，造型严谨，并统一于整体之中，进而为下一步做好基础，不再出现返工而破坏画面。如图 7-7 所示。

2. 塑造整体的色彩关系

这一个步骤就是对整个画面进行定调，准确的颜色会为接下来塑造打下良好的基础。在铺大的色彩关系时，要求从整体出发，把观察的感受与认识进行有序的组织，把握不同静物之间的色彩倾向区别。在对整组静物的色调确认之后，从画面主体入手，从主体固有的深色、暗部、投影开始落笔。这个阶段要把画面大的色彩关系展开，并不是完全的填满，同单色起稿一样，着重在暗面，转折、投影等强调形体结构的地方铺好颜色，亮面一定要留出，并且在使用笔触交代形体结构时，主要笔触的方向也同样是为强化结构服务。整体来说，不要刻画细节，简练概括整个画面，大的颜色关系不易太厚，同类色关系中要注意留白，不要用单色、重色堵死背景，使画面不透气，为接下来留有塑造的余地。如图7-8所示。

（1）确立明确层次关系，静物本身具有固有色，这些固有色之间存在着明度、纯度上的变化，将画面中的亮暗灰确立也就确立了整体的素描前后空间关系。对于初学者来说，可以用1～5来标注，1为最亮，5为最暗。以此方法还可以确立大的冷暖关系。

（2）铺大的色块要从暗部和投影开始，静物暗部之间的明度也不尽相同，如同单色塑造形体一样，也要从最重的暗部入手。暗部所受环境色影响，色彩纯度低，可以用补色进行塑造，初期忌用白和过多的黑，摆笔触的时候要留有空白。如图7-9所示。注意控制好画面的层次关系，这一步要把所有静物的暗部层次关系明确。静物灰色的描绘，这里的灰色其实是指没有亮与暗的固有色，这种颜色在单体静物中纯度最高，也就是最接近物体本身的颜色。这一步是明确将静物颜色分类，画面静物的色彩倾向明确，为接下来的深入刻画进行明确的色彩分类。

（3）静物的背景色往往在画面中占有最大的面积，它的主要功能是衬托主体、联系静物之间的关系以及强化画面空间的作用。作为衔接各静物之间的媒介，在保持固有色的情况下，背景色的处理要求丰富而含蓄。由于上色面积较大，所调出的颜色同样上色会显得空、缺少变化，为了避免这样的情况，一般衬布都是远处的背景，所以可以在画上几笔后适度的加一点点冷色再次调和，让同类色中产生一些色彩倾向的变化，使一块同类的背景透出来一种丰富的色彩变化。需要注意的是加其他颜色进行调和时，所加颜色一定要很少，不能改变底色的色相，如图7-10所示。深入刻画衬布中常见的问题非常多，主要是初学者对深入刻画的了解就是"重新上一遍颜色"，深入刻画时在原有的基础上调整，色彩加深或提亮，在同一颜色面积较大时，可以用冷暖来塑造，保持衬布色彩完整统一中有变化。

3. 深入刻画

当画面整体大颜色铺完，有了比较准确的色彩关系后，深入刻画主体静物的细节，任何一组静物都有最精彩的内容，这也是一个由粗到细，由整体到细节的过程。强化画面细节主次、虚实的色彩关系。这样整幅画面才会显得有主有次，有节奏感，不会显得"散"和"软"。衬布、背景在深入刻画中常见的问题非常多，主要是初学者对深入刻画的了解就是"重新上一遍颜色"，深入刻画时在原有的基础上调整，色彩加深或提亮，在同一颜色面积较大时，可以用冷暖来塑造，保持衬布色彩完整统一中有变化。需要注意的是刻画也同样要分层次，主体物刻画最细致，其他次之，大的颜色背景和色彩关系局部调整就可以，如图7-11所示。在这一步要注意细节的塑造，各种材质不尽相同，比如瓷器的反光要用高光来点，用强对比来增加它的韧性，如图7-12所示。

4. 整体调整

画面画完之后，暂停下来，可以眯起眼睛来观察或放一定距离来看下色彩大的关系。通过比较，从整体出发进行调整，主体表达是否丰富，颜色是否准确，整个画面的主次、虚实、冷暖等进一步调整，最后达到统一。如图 7-13 所示。

7.5 水粉风景写生

风景写生可以使我们感受大自然丰富的色彩关系，增加色彩的情感表达，含有建筑场景的风景写生一般分为两大类，一是速写性质的钢笔画，另一种是色彩场景写生。建筑场景写生是设计师通过色彩的表现手法，使设计构思视觉化、物象化的过程，一副优秀的写生除了细致的刻画建筑本身之外，还需要用艺术的手法，使作品更具有感染力和艺术魅力，如图 7-14 所示，这种艺术性的表达融合与表现主题相关的文化底蕴及风俗习惯，而并非简单的营造形式，简而言之，就是通过风景写生的练习对建筑有更深层次的了解。

色彩风景写生与静物写生相对比，一是描绘对象不同，二是光线变化不同。描绘静物组合虽然涉及了空间，但本身因为体积小的关系，空间的变化也相对简单，整体比较容易把握，而风景写生则完全不同，在主要描绘大体量建筑的户外写生时，要充分注意主体透视的准确性，以及空间中物像之间的比例关系是否协调，整体内容是否处于同一空间之内。在光线方面，室内的光线比较稳定，静物的摆放也比较随意，光照不受时间变化影响。而风景写生中，天光变化非常明确，导致色彩关系变化非常明显，对于初学者来说，这是比较难以掌握的部分，如果不了解光线变化对表达主体的影响，那么画面会显得凌乱而缺乏真实感。如图 7-15 所示，建筑类专业的外景写生主要是以建筑为中心，表达建筑场景的写生，其中包括天空、大地、树木、人物等等多种要素的综合。这就要求我们在处理画面时，对以上内容进行取舍和归纳，把握作画时间等因素。

在这个课程中，建筑色彩场景关系表现方式要通过研究建筑色彩以及与环境色彩的协调来进行表达，以此来掌握天光下光线变化规律对建筑物与其环境的表现技法，一方面为设计表达的绘制奠定基础，另一方面通过对建筑的描绘，对描绘对象从历史文化来源上有更深刻的认识。

水粉风景写生基本步骤如下：

1. 选景构图

找到风景感动你的情景，去发现景色中美的因素，闭上眼睛在心中用色彩对感动你的情景进行归纳。

一幅好的风景写生是主题明确，有色彩意境的体现，选景构图直观地反映了作者的艺术魅力。室内静物写生训练的是色彩的基本造型能力，而风景写生更多的表达色彩情感。风景写生中，选景由时间和景物两个因素组成。

外景受到光线变化的影响，每一个时间段都给人以不同的感受，在描绘的过程中，要始终把握和体会对景物的第一感受，将打动你的时间点画面因素贯穿于整个作画过程，做到主观色彩情感结合客观景物色彩的结合。切不可随着天气光线的变化对画面不停地进行被动的修改、照抄，这样会导致画面死气沉沉。缺乏艺术感染力。

外景写生在选景过程中，构图要考虑到主体景观、天空、地面三者的关系，考虑画面布局时，要包括前景、中景、远景三者的空间进深关系（图7-16），这一点水粉、水彩风景写生与建筑钢笔画风景写生一致（参考第5章建筑钢笔画构图）。注意视平线的高低和视点的远近距离在画面中的高低直接影响到构图和情感的表达。

2. 起稿

起稿可以用铅笔或颜料，根据物象的轮廓比例控制情况。在把握不住整体构图的情况下铅笔起稿，建议用水粉颜料中的群青或普蓝，调水之后起单色轮廓，可以将单色的轻重分为5个素描等级。这一步是借助可修改的辅助线来确定画面内容的远中近三个层次关系，不要过多拘泥于细节，体现出轮廓即可，大小比例位置通过对比来确定，注意其轮廓中可以运用下笔的轻重来体现画面简单的素描关系，尤其是结构和明暗对比强烈的笔触走向，受光面转折多用枯笔，暗面则含水稍多。一是强调结构变化，二是强调大的素描关系，重颜色的笔触可以再塑造中长期保留，始终使画面色彩处于一种准确的素描关系，这样就不会出现混乱，始终可以塑造下去。如图7-17所示。

3. 保持素描关系，铺大色调

外景天空、地面，主体景观色相明确，在第一遍上色时要把握住画面这三大块的基本色调。首先要明确两点：第一，任何最轻、最重的色彩块面都有色彩倾向。第二，色彩塑造过程中始终要保持整体画面素描关系的准确。

起稿中，我们已经用单色分出了画面主要的素描关系，可以眯起眼睛来观察景物，在画面中首先找出最重的颜色，用笔触卡在建筑或植物的暗面、结构转折处。

重颜色的调和：例如，用单色铺的重色普蓝调和深红或土黄，比例大概5：1：2，将颜色挑到调色板之后，不要反复调和这三种颜色，调和一两下即可。这是因为所选色彩都属于色相较重的颜色，普蓝色相发冷，与红色一样，"火气"较重，用土黄的目的是降低颜色纯度的同时，又使以普蓝为主色具有轻微的色彩倾向，调和后的色彩融合到画面中，又保留有继续塑造的余地。

如果将颜色反复在调色板中调和之后会脏，在画面水干之后，颜色会失去色彩倾向而泛灰，也就丢失了画面重颜色的基石，画面干后会因整体对比度下降而整个画面色彩发灰，素描关系不明确，导致无法继续塑造。

在确定色彩重的色调之后，以此逐步从暗到明铺大的色调，始终保持画面的素描关系。将天空、地面、主体景观的色相颜色分为三大块，在铺色中，远处比较朦胧，天空和背景尽量趁湿一次画完，可以将远山、树等融合到背景颜色中，强化空间透视关系。接下来铺中景和近景色彩时，塑造大的色块，要注意留白，为继续深入留有余地。

初学者铺大色调常见"腻"的问题，原因有两点，一是色彩调和过于简单，颜色调和后仍然纯度较高。很多初学者没有明白大色调是指具有亮、暗、灰的同类色，而非"同一色"，同一色会使画面呈平面化。所以要以风景为基础，体现色块面中的亮、暗、灰及色彩倾向，在同类色中稍微加入少许偏冷或偏暖的颜色，让色块之间具有不同的颜色趋向，但始终要保持大色调的明确性。第二，要对大的色调进行素描归纳，在前景地面和景观中，整体色块同样体现着素描的光影关系，在描绘时，眯起眼睛来用笔触归纳即可，拘泥于细节反而会影响画面。如图 7-18 所示。

4. 深入刻画

深入刻画中景和近景，其中画面中景部分最为重要。在这一步，深入刻画要对景物进行取舍和概括，与表现主题无关的静物要进行弱化或舍弃，而对于体现和强调画面主题的细节要深入刻画，加强对比，审视画面构图，注意高低、动静、疏密的景物搭配，在整体色彩关系考虑的情况下突出主题的色彩特性。如图 7-19 所示。

5. 统一调整

当所有画面内容添加充分的时候，需要停下来，远距离的看看画面，将画面的色彩情感回到对风景的第一印象当中，回想，并以这种情感审视画面，看看画面是否体现初心。这一步尽量小改动，可以用揉笔挑少许颜色来统一大的色彩黑白、冷暖关系。如图 7-20 所示。

小结

本章着重介绍水粉工具、技法和作画步骤，通过对水粉的颜料特性、着色方法的学习与训练，掌握水粉颜料在画面的干湿变化规律，达到通过水粉色彩训练提高审美修养的目的。

本章重点学习内容提示

1. 水粉颜料调色、着色方法。
2. 静物写生、风景写生步骤。

本章作业安排

1. 用水粉完成静物临摹 1～2 幅，纸张 A2。
2. 用水粉完成静物写生 1～2 幅，纸张 A2。
3. 用水粉完成场景写生临摹 1～2 幅，纸张 A4。
4. 用水粉完成场景写生 1～4 幅，纸张 A4。

第8章
水彩画

　　水彩画，又称为"水彩"，英文为"Watercolor"，是一种舶来品，起源于欧洲，在中国已经发展100多年。水彩，从中英文字面上来理解，就是一种以水与色互相融合的一种色彩表现形式，体现水色交融的特点。相对于水粉、油画来说，水彩颜料材质本身具有透明度高的特点，在反复的色彩叠加过程中，画面的底色会透上来。由于这种属性以及与水分的结合运用，可以产生淋漓尽致、清晰明快的灵动色彩效果。这种独特的艺术内涵在一定程度上与中国水墨写意画有相似之处，经过多年的发展和适应，水彩在中国已经融合了色彩鲜明的西方绘画特点，又展现了中国水墨绘画含蓄的灵性，形成了独特的艺术手法。

　　水彩与水粉一样，是以素描造型为认知基础的，同样体现的是以色彩和色彩明暗关系来塑造形体。色彩构成的基本原理也相同。但在色彩的材料和技法中，水彩和水粉有着明确的区别。首先，色彩调和方式不同。水彩是水与色彩的融合，而水粉是色料通过水来调和出新的颜色。其次，色彩叠加效果不同，水彩颜料特点是透明性，含水的色彩覆盖无法覆盖底色，而水粉颜料含粉较多，色彩叠加具有覆盖性，水彩的颜色调和主要以水为主，色彩通过水的带动在纸面中显得颜色透明丰润，在色彩叠加中，底色与铺色产生微妙而丰富的色调，在下笔之前对画面色彩预判也是水彩最大的特色之一。再次，绘制过程不同，水彩以水为媒介，并且色彩叠加不具有覆盖力，那么画面的是一个色彩由浅至深，从明到暗基本设色过程，亮部和高光部分多以在画纸上"留白"或"留空"处理。而水粉和基础素描都总体上都是相反的。这也是许多初学者对于水彩初期难以适应的原因。

　　水彩下笔后难以修改的特性要求描绘者有较强的综合造型能力，一张优秀的水彩画，从构图、造型到色彩关系整个程序需求张弛有度，运筹帷幄。初学者常见的问题是对表面颜色的照抄，为了表现水彩透明灵动的特点，画面追求水分和颜色的调和，干净、透亮，不敢或不明白用灰色、暗色来塑造形态，导致画面主体内容单薄，缺乏造型关系，归根结底的原因还是对素描造型和对水彩材料属性缺乏认知基础。在初期塑造中，要敢于运用明暗色彩关系塑造物象的色彩特征，可以先进行一定的临摹，在对于水彩色料属性了解之后再转入写生过程。

8.1 水彩工具介绍

1. 水彩纸

水彩画纸张要求较高，在选择的时候不可随便，可以选用专用的水彩纸。水彩纸的品种主要分为手工纸和机制纸，手工纸价格较贵，初期训练可以选择机制纸。颜色一般用白色。

在纸张选择中，要注意选择纸张色泽洁白，纸面纹理有粗有细，粗纹理的纸张吸水性强，饱和的水彩色在纸面上能充分渗透，充分发挥水与彩的特性，使画面具有很强的意境和韵味，由于纹理粗糙，画面中会因为纸面纹理高低不同，导致水彩色晕染干透之后，产生出依纹理变化的丝丝白线，称之为"飞白"，这种肌理效果被水彩画家广泛运用，如操控得当，将会使画面情境更具特色。细纹理的纸张吸水性较弱，由于机械压制所成，表面纹理均衡，高低起伏较小，适合深入刻画，表现精致的画面效果，如水彩渲染，钢笔淡彩等。国产水彩纸重量在 $150\sim200g$ 之间，国外进口纸还有 $500g$ 以上的，通常来说，水彩纸重量越大，价格也越高。对于初学者来说，国产的 $150g$ 和 $180g$ 的水彩纸吸水性和色融性就非常好了。目前国内生产主要有保定纸和温州纸，推荐使用保定纸 $180g$ 以上的，随后在了解材料特性之后，根据自身情况选择纸张。水彩纸的质量直接影响到画面效果，最直接的方法是用手去摸纸张厚度和表面纹理，一般纸张厚重，纹理感觉自然、非人工的是好纸，另一个方法是抹一笔清水在纸面上，好的水彩纸吸水性强，很快就会融入纸张中，水面反光消失，反之亦然。

2. 裱纸

与水粉相比，水彩由于调色所用水分含量更多，纸上水之后会起皱，影响整个画面效果，为了避免纸张起皱，在作画之前将画纸裱在画板上，裱纸方法与水粉、素描相同。

3. 水彩笔

水彩笔的特点是要求吸水量大，市面上主要有羊毫和狼毫，推荐羊毫笔，吸水好。水彩笔分为平头、圆头、尖头三种，由于水彩以水为主的特性，平头笔与底纹笔含水量大，常用于大面积的渲染、铺色，塑造。圆头笔笔锋较长，具有一定的弹性，可以画出明显的笔触，这与水粉中的摆笔用法相似，可以用块面塑造形体。尖笔头一般为狼毫笔，吸水性弱，可以用来点缀细节。其他的还包括国画用的大白云笔、小白云笔等毛笔类也都可以用于水彩晕染。水彩笔号以中号为主，$4\sim6$ 号都可，画面一般面积较大的背景或协调整体关系的都用较大的笔，细节刻画用小号笔，根据习惯自身调节。水彩笔和水粉笔一样，颜料含有胶状物，画完之后马上洗掉，保持笔头不含颜料，使之干后恢复原形，洗笔后如果连续不用，建议笔头朝下垂直放笔，带描绘结束后统一放入竹制笔帘之中收存。

4. 海绵

海绵在水彩画中用途广泛，海绵形态易于变化，材质出水自然，可以吸水，也可以根据画面需要，用海绵吸收色料，在画面中揉、擦出特殊的形态效果，为水彩画常用的工具。

5. 水彩颜料

水彩颜料也属于化学合成颜料，国外进口的较贵，日本樱花类水彩整体质地细致，色彩融合充分、自然。国内实用的品牌主要是上海马利和天津温莎牛顿两种，品质也很不错，适合初学用，建议直接买24色装，具体需求在了解属性之后根据自身的喜好调整。

水彩常用色：

（1）黄色系：柠檬黄、土黄、淡黄、橘黄等。

（2）红色系：土红、朱红、大红、深红、玫瑰红等。

（3）蓝色系：普蓝、群青、深蓝、酞青蓝、湖蓝、青莲、紫罗兰等。

（4）绿色系：草绿、翠绿、深绿、浅绿等。

（5）其他：赭石、熟褐等。一般情况下，普蓝、赭石、熟褐、土黄、大红这几个颜色因多用于调节颜色，所以使用量较大，这点与水粉类似。需要注意的是，水粉、水彩颜料最大的区别在于黑色和白色的使用，水彩很较少用到黑、白色，而水粉白色用量很大。这是因为水粉画可以用白色来进行色彩调和，从低到高的提亮色彩层次，体现的是色彩之间的调和。而水彩画的亮部及高光要留白处理，体现的是色彩之间的融合，所以在水彩调和中要谨慎使用黑、白。颜色在色盒中的排列要按色彩序列挤入，方便初学者使用，与水粉相同。

除了以上基本工具之外，由于水彩画面需要一个湿润的环境，喷雾器、吸水棉布等也较为常用，其他户外写生工具与水粉画相同。

8.2 水彩画技法

在正式写生或临摹之前，要专门针对色料的属性认知进行色谱训练，这种训练对色彩的熟悉和调色水分的掌握都有帮助。水彩画对技法要求较高，初期主要难以掌握水色互融效果，如何掌握水与色的调配是水彩画的难点所在。对初学者常见的问题是对颜色认知经验太少，除了可以分辨物象或景物的固有色外，对所描绘的色彩不会观察和分析，水彩画也就无从谈起。

将纸裱到画板正式上色时，要注意，画板固定在画架上或手扶时，要有一定角度的倾斜，30°左右为宜，这样给眼睛和画面一个空间距离，便于观察整体色彩关系。

水分的掌握和运用是水彩画技法的要点，水分在画面上有渗透、流动、挥发等特点，要掌握好上色时间，把握调色含水饱和度和画纸的吸水程度。根据水彩画的特征，常用的技法主要有干画法、湿画法。这里需要注意的是，水彩的干画法和湿画法的干湿是指纸张的干、湿情况下用笔，与水粉的干湿画法有很大不同。

1. 干画法

干画法包括平涂法，叠加法和干笔法。如图8-1所示。

平涂法是涂色彩块面的练习，这是一种初学者最容易上手的方法，表现色彩关系上也相对简单。训练要求掌握好水和笔的运用能力，其方法是调好水色饱满、均匀的颜色，用大号笔涂在画面上，从左到右，从上到下，在背景和前景中尽量避免明显的笔痕和来回的擦洗，整体的画面色彩关系明快，单纯。

叠加法是在每一遍颜色干后在铺第二遍、第三遍颜色，层层叠加。这种画法笔触明显，物象塑造清晰，与水粉笔触方法不同但效果相似，常用于表现轮廓清晰，体积感强的前景、中景主题。具体方法是，在第一遍上色时，可以选择不透明或半透明颜色，在第一遍颜色干透，上第二遍以及之后的颜色要调和较薄的透明色，每上完一遍颜色都可透见底色，充分发挥色彩叠加的效果。行笔要快，避免色料沉淀，叠加次数不宜过多，尤其是暗部，否则会导致色彩沉闷发灰，缺乏透气性。

干笔法也称枯笔法。从字面意思理解就是用笔蘸较少的水的颜色用笔，与水粉、油画常规画法相近，主要靠色料之间的调和塑造画面色彩关系。这种方式是利用水彩笔和毛笔摆笔触的方式来塑造物象，适合表现粗糙材质的物体，突出厚重，岁月的色彩气氛，一般用于表现古典砖石建筑和特殊的肌理。如图 8-2 所示。

2. 湿画法

湿画法包括湿接法、湿叠法、晕染法、湿纸法等等。如图 8-3 所示。

湿画法是水彩中运用最多的技法，更多的时候可以说是通过颜料来发挥"水"的作用，虽然难以掌握，但也更好的发挥了水彩画利用水在画纸上的渗透、流动所产生明快、清新的效果的特点。时间、空气干湿程度和画纸的吸水性都对画面有直接的影响，需要一定经验的积累和总结才能运用自如。湿画法与国画中的水墨写意山水有相同之处，是一种在纸面和底色水未干时，趁湿着色的方法，这种方法使颜色与颜色，颜色与水之间水色自然交融，产生一种淋漓尽致的色彩效果，充分发挥了水彩"水"的特征，非常适合表现室外风景建筑写生。

湿接法是指在第一遍颜色未干时趁湿着色，两遍颜色一般为邻近色，颜色之间互相渗透，自然融合过渡，深浅颜色过渡形成色彩自然退晕的效果。需要注意，采用这种方法作画时，水彩笔要含水饱满，适合衔接局部具有色彩倾向的颜色，使大面积同类色自然而丰富，比如在蓝色的背景中适度加一点土黄或玫瑰红，色彩统一而富有变化。这种方式适合表现雨雾气氛情趣。

湿叠法指在画面未干时反复画第二遍、第三遍等，直至画面完成，这种方法笔触饱满，色彩与纸面水相碰之后，色彩含蓄柔润，适合表现大面积的色彩，适合表现远景中、水景天空，雨雾的意境美。在静物塑造中适合衔接物象的暗部与背景之间的自然空间过渡。这种画法关键在于对水分的控制，主要靠实践经验去判断。如果笔上含水较多，在色彩未干时铺色控制不好的情况下会出现水渍，导致画面色彩过渡不自然，难以修改。这种画法难度较大，需要多次尝试，是一个长期经验积累的过程。但如果用好，达到的效果也是其他绘画难以表现的。

晕染法是指使颜色产生渐变效果的一种技法，与中国工笔绘画的晕染一致，可以用两只白云毛笔，一只染色，而另一只适当的含水，在上色之后，用含水的笔逐渐过渡，可以让色彩均匀自然的渐变，由浅到深、由冷到暖等等。

其他还包括湿纸法、冲彩法、撞彩法等，这些主要用来做画面的色彩肌理效果。最常用的湿纸法是将纸放平用水刷湿，如果是铺大的色彩背景和画面底色肌理，放平上色即可，然后竖起画板趁湿在局部着色，调整，这样的色彩湿润，过渡自然，常用以表现深幽远景。这种湿纸法的难点在于对水分的控制，水分过多纸面无法全部渗透导致水彩顺水乱流，无法控制画面，太少画面色彩融合又不够自然。其他湿纸法还包括直接将纸浸泡在含有颜料的水中，或将较薄的水彩纸轻揉成块状浸泡在水中，等到纸干之后，将纸展开裱在画板上，纸面上会有因折叠所产生的色彩渗透的自然肌理效果，这种肌理效果适合表现山的纹理，具有很强的自然性。

冲色法，又称积色法，与国画撞彩法类似。这种方法在着色时，笔中含水和含色量都比较大，在纸面湿润的情况下，用点笔的方式附着画面中，色彩之间不用笔衔接水和颜色，而是让单独的每个色块中颜色自然退晕，形成大色块中有小的色块，自然而丰富，色彩富有生气。

3. 干湿并用法

实际中，一副好的水彩画往往不是一种画法完成的，而是干、湿两种画法的结合。一般来说，虚的地方多用湿画法，实的地方多用干画法，在空间塑造上与素描和水粉一致，背景和大调子用湿画法让画面后退，多表现远景，而主体和细节用干画法刻画加以强调，多表现中景、前景，这样的画面有丰富明确的主次、前后空间关系。如图8-4所示。

8.3 水彩静物写生

水彩颜色透明，与水粉相比，覆盖力较弱，颜色叠加底色不可覆盖，过多色彩的重叠会导致画面灰暗，失去水彩画色彩的特性。在写生之前要去发现静物组合中水彩画美的特性，充满感情的去感受和归纳色彩，在心中有了充分了解，产生主动的色彩情感之后才开始下笔，避免被动漫无目的的照抄。如图8-5所示。

8.3.1 水彩静物写生步骤

1. 起稿

水彩画起稿以2B铅笔最适宜，如果铅笔过软会导致水彩纸留痕迹，铅笔过软铅粉遇水容易弄脏画面。起稿时要尽可能一次准确，避免过多用橡皮以免划伤纸面，用笔要轻，只画出静物基本体积、前后比例关系即可，与素描水粉一样，要对物象进行提炼，从整体到局部，抓住物象主要特征，用几何形体对复杂形体进行概括。这一步不仅要考虑构图的关系，还想对画面铺色的先后顺序进行预判，在铅笔起稿过程中，仔细观察静物组合的色彩关系，做到心中有数。如图8-6所示。

2. 铺色

在铺色以前，首先要明确两点。第一，水彩画同样是在用色彩来塑造物象之间的素描关系。大多数初学者在起稿之后，由于缺乏对水彩材料的认识和实践经验，往往无从下手或被动，不假思索的提笔就画，导致无法塑造。在上色之前，首先要明确静物的素描关系，通过对比来确定哪个固有色最重，哪个最轻，找出明暗交界线来区分亮面和暗面。在把握住基本的素描关系之后，观察静物组合的整体色调和冷暖倾向，考虑环境色与静物色之间的色彩关系。在自然天光的情况下，静物受光面色性偏冷，而背光面色彩柔和偏暖，如静物固有色偏冷，周围衬布背景色偏暖等等，这些静物与静物之间，静物与配景之间的色彩关系都要做到心中有数然后开始下笔。

第二，水彩颜料材质的特征。水彩画的颜色不具有覆盖性，深颜色可以遮盖浅颜色，为了易于修改和添加，水彩画着色步骤是先浅后深，从亮部到暗部的铺色。针对不同的静物类型可以采取不同的着色方式。在找准颜色后，从上至下，从左至右的逐步完成。为了强化突出画面主体，找出最打动你的主体物象的颜色，删繁求简，以较快的用笔对静物进行概括，始终保持对静物的第一感受，以此类推，始终保持画面的主次关系。或对于背景和暗部阴影色彩关系要大胆归纳，用水色饱满的大笔以湿画法为主铺背景颜色，色彩饱和度争取一次到位，由浅色到深色将背景内容画完，在保持色调不变的情况下，背景与衬布用适度调和冷暖来区分前后关系。要注意水彩反复调和会导致画面发灰、发暗，上色次数不宜过多，对于背景阴影要大胆用色，尽量一次将重色调摆放到位，忌反复修改。如图 8-7 所示。

3. 深入刻画

对于初学者来说，要明确深入刻画时要有明确的针对性，而不是在铺完大色块的基础上再铺一次，要根据画面物象的造型、色彩、质感等各个方面进行进一步完善。这一步要求水彩技法干湿并用，要拉开静物素描明暗及色彩冷暖关系。这一步塑造主体时要有明显的笔触，通过笔触来塑造虚实、明暗、冷暖对比，拉开空间层次。在细节刻画中，可以用干画法在整个画面中选择几个关键点适当地加强细节刻画即可，同类色中可以用微妙的冷暖倾向进行区分。要注意刻画内容与整体色彩关系的统一，过多或对某个局部过分的刻画会导致画面细节琐碎，局部调子与周围调子无法融合，这种情况可以用轻柔的方式将干湿色过渡，又不失自然，后期忌大面积的铺色反复修改，保持水彩色画轻快透明的特性。如图 8-8 所示。

4. 调整完成

在色调和刻画完成之后，退后几步眯起眼睛看一下画面和静物组合，这是由于在描绘中长期陷入细节刻画之中，需要在一个远距离角度对画面进行重新比对，也可以称之为换一种思维状态，回到起点。与水粉素描一样，眯起眼睛观察可以忽略细节对画满的影响，这样观察容易把握整体关系。首先对比整体色调倾向，画面所有内容是否同属于画面空间之内，色彩层次关系是否协调。局部细节和周围关系过渡是否自然，也就是说眼睛在观察画面中首先注意到的是整体，而后随着观察的深入逐渐，潜在的发现局部的刻画的精彩细节。如图 8-9 所示。

8.3.2 常见的水彩静物写生

1. 水果蔬菜

水果蔬菜静物实物是最常见的室内写生题材，这种静物种类也多种多样，最常见的水果包括苹果、香蕉、梨,蔬菜包括萝卜、白菜、大蒜等等,与其他静物相比,这类静物首先是具有生命的特征,这一点在用水彩表现水果蔬菜的丰润质感时要充分体会,在表达中要带有一种味道的感受。在造型上,水果蔬菜单体形态特征明确,用湿画法从浅色和鲜色开始,将水果蔬菜的基本色画完,在画面半干时,再用干叠法做深入刻画,这一步要笔触要肯定,色彩调和准确,注意环境对静物的色彩影响。整体上色时亮部注意留白,敢于用纯色,颜色保持透明,用以表现水果蔬菜的新鲜感。如图 8-10 所示。群体摆放的水果蔬菜要注意它们之间的造型、色彩区别,一般群体摆放的水果蔬菜外形多为球体,在起稿时从摆放姿态,头的方向性、前后关系等这些细节去对个体加以区别,体现谁压着谁,谁在前面的前后层次关系,上色时要始终注意把握同类色之间的区别性,灵活利用冷暖、亮暗色彩倾向形成细微差别,群体之间的暗部要敢于用重色自然卡住单体的边缘,对色彩区域形成限定,完善造型。整体来说用以对个体加以区别,在近似色彩关系中上不要形成交错,导致画面色彩因素混乱。

2. 器皿

器皿种类非常多,常见的主要有玻璃器皿、瓷器、土陶器、不锈钢具等等,这类静物在表达时首先要从它们的质感、固有色上进行分类,常见器皿静物除了陶器之外,其他表面光滑,反光较为强烈,颜色比较单纯,色性偏冷,高光非常明确。在上色时一般从亮部开始画起,选用薄色,兼顾色相及明暗特征,对于这类器皿的暗部一定要使用重色,最好一次完成,忌反复涂抹,这样画面水干后色彩才能比较稳重,色彩重而透气。亮部和过渡可以适度用干叠法深入刻画,由于常见静物组合,器皿一般不作为主题,色彩叠加层次不宜过多,对于反光强烈的器皿要敢于用重色形成对比,但要注意重色对周围色彩关系的反映,受光面与暗面用冷暖来增加色彩内容。如图 8-11 所示。土陶器一般质地粗糙,固有色也较为单一,反光较弱。在第一遍上色时用湿画法整体铺色,待半干时,用干画法深入刻画,色彩较为温和,注意用冷暖倾向调整亮暗面色彩,丰富画面。

3. 花

花也是水彩表达的常见静物之一,水彩的特性也适合表现花的自然美感。在描绘花的静物时,首先要认真观察静物,去发现美、欣赏美,内容要对静物的美有主动地感受,这样就可以排除一切外界因素,专注地投入到美的发掘之中。由于花的造型细碎、复杂,在起稿可以眯起眼睛来将静物归纳为几个大的块面,分出前后左右的空间关系,由此确立在群体关系中哪些为主要刻画对象,做到心中有数。以湿画法为主,上色时,要务必对花归纳为大的体块,忽略细节,从亮部到暗部开始铺色。暗部重色彩尽量一次到位,色彩透明而稳重。在接下来铺色时要干湿法并用,重点刻画主体花团、强化色彩纯度、明暗、冷暖对比,突出花瓣体积结构,同时用大笔触统一、弱化远处花团的色彩对比,用微妙的冷暖进行区分,通过前后花团塑造的不同来突出空间感,最后再用干画法稍加强调主体花团的个别花瓣、树枝细节,始终保持画面丰富的层次关系。如图 8-12 所示。

4. 其他

除了以上的几类常见的,静物种类很多,在练习之中逐步积累经验,无论内容怎样变化，在表现中始终把握以下几点，注重静物的色彩造型，色彩空间感，一般画面中最重暗色面积往往很少，下笔要少准确，这里的准确即是用色彩对比，将物象体积"挤"出来，颜色透明，忌反复涂抹，暗部投影一般用湿画法，色彩丰富而统一，学会用同类色调和冷暖倾向丰富画面，颜色笔墨重点用在物象明暗过渡以及亮面的表达上，多用干画法或干湿结合。

8.4 水彩风景写生要点

水彩颜料的特性特别适合风景写生，在表现光影的变化、营造空间的效果，水彩风景写生的步骤与水粉也大致相同。

水彩户外写生观察与水粉一样，在选景过程中首先要考虑到主体景观、天空、地面三者的空间关系，考虑画面布局时，要根据前景、中景、远景三者的空间进深关系来确定画面视平线的高低（参照水粉风景构图）。在确定大的框架之后，要考虑这三者的色彩关系。无论什么样的天气变化，远景都要比近景模糊，这是空气透视学的一般概念，也是户外色彩写生的精髓所在。

近景、中景在在空间中是相对远景而言的。在实际观察外景时，无论天气环境如何变化，我们都可以看到远景相对近景来说色彩上随着距离的延伸而变得模糊而统一。有的初学者在塑造时，画面色彩没有远近的区分，导致画面空间因素混乱，所有内容始终处在一个二维平面中，这是由于观察方法的问题，在构图中，我们首先要确定选景的框架，这个框架的长和宽是固定的，这样就确保在观察时，始终保持框架内整体内容对比的状态，而非落在某一视点上，整体观察无论从色彩的明度还是纯度上，远景都比近景要模糊一些，距离越远颜色越灰而统一。所以在观察和描绘中始终着眼于大的关系，局部服从整体。

8.4.1 横竖笔法体会空间概念

为了让初学者快速了解近景、中景、远景在画面中的空间关系如何塑造，在这里介绍一种笔法，可以在正式上色之前画小稿用以把握整体的空间感受。需要明确的是，这种笔法只是帮助初学者建立一个横向和竖向的整体前后空间概念，而非水彩的技法。在画面色彩前后空间塑造时，可以主观将远景用湿画法以竖向的笔触为主进行归纳，而近景用干画法以横向笔触归纳，这里的竖向与横向并非绝对，只是整体笔触走势趋向，竖向的湿笔法色系统一，整体空间感向后退，横向的干笔法与背景形成一个潜在的对比，用以拉开空间感。这种概括的笔法与静物写生处理背景与台布的关系一致，灵活运用。

8.4.2 暗面与投影

与水彩静物一样，风景写生中，色彩变化最丰富的部分是暗部以及过渡到亮部的中间调子。而初学者对于暗部已经物象的投影往往画得黑而平，体现不出水彩色彩透明的特性。水彩风景写生画面中暗面与投影在处理中要体会两者之间的呼应关系，仔细观察景物我们会发现，最重的暗面色彩在画面中的面积比例往往比较小，在强调转折处或用以稳定整个画面色彩的层次关系。而在塑造以建筑为主题的写生中，投影的色彩直接受到暗面的影响。暗部和投影的色彩关系往往与亮部是相对的，正常光线的情况下是亮部发暖、暗部发冷，投影色性偏冷，色彩反映周围对它的影响，但也并非绝对，要根据实际情况找出色彩的冷暖对比关系，水彩中最忌讳的就是将暗部处理成单色的明暗变化。这也是初学者画面色彩因素始终感觉简单的原因之一。如图 8-13 所示。

在水彩风景写生中，暗面和投影一定要画的透明，控制好颜色的深度一遍画好，反复涂抹叠加会使投影暗面发灰、脏色。上色时用湿叠法或干叠法，下笔肯定，色彩饱满。

8.5 常见景物表现方法

8.5.1 天空的水彩表现

在户外写生中，一天中天空的变化都是极其丰富的，不同的时间段在画面中的色彩反映也有天壤之别，所以天空的表现直接影响到画面主体的色调和情感意境，在整个场景中起着协调和补充的作用。在描绘天空时，要根据不同季节、时间、气候用不同的画法来表现，可以说，天空的表现直接左右着画面的情感走向。

1. 蓝天白云

蓝天白云天气在写生中最为常见，在表达蓝色时要适度在蓝色中添加点暖色变化，单一的蓝色会使画面看起来火气，失真。在画天空中云时，要注意，云有主次远近虚实之分，水彩画是先画亮色，后画暗色，在上色时要先画白云，笔中含水多，可以适度加一点点紫罗兰或玫瑰红，让白色有一点颜色倾向，用以塑造白云的体积感，然后再画天空的颜色。这种天气色彩明确，干湿画法结合使用。

2. 烟雨阴雾

水彩颜料水和色的特性非常适合表现雨雾天气的烟雨美景，当表现这类画面时，最好用湿叠法，敢于大气用笔，在调色的时候，由于雨雾天空色性偏冷，适度加点土黄、赭石甚至朱红，可以让颜色沉淀下来，显得没那么火气，画面上从上往下，从左到右，在第一遍淡色铺上之后，趁湿铺第二遍颜色，充分让颜色相互融合，第二遍颜色的调色在保持冷色的情况下，适度增加一点暖色偏向，让天空色彩统一中又富有变化。画面天空远景以水融为主，那么前景的一些景物在调色时要以暖色为主，冷色为辅，用干画法来塑造形体，以整体的冷暖色调拉开画面前后空间关系。如图 8-14 所示。

3. 雨雪

天气的表达可以用喷洒法、磕笔法和撒盐法。喷洒法一般用在画幅很大的画面上，常见的喷壶工具颗粒太大，户外写生一般用不到。磕笔法是指用两只毛笔，一只笔调和蘸水和白色，颜色含水较少，将笔头部分磕在另一只笔杆上，根据力度的大小来控制画面雪景的肌理变化，是一种国画、水粉、水彩等常见处理方式。撒盐法是指在着色的水彩纸面未干时，在画面上撒盐，在盐融化开后将水彩色化开，干后产生雪花状的肌理效果。画面背景颜色越深，以上几种效果也越强烈。如图 8-15 所示。

8.5.2　山、水、树的水彩表现

1. 山

山是色彩风景写生的一个基本元素，常见的画面中构成山、天空与水构成画面的基本元素，那么在颜色上山同样受到这两个因素存在的影响。山分为近山、远山两种，也可以称为近景山、远景山，画面中要充分运用山的这两种元素来拉开画面的空间距离。远景山上色多用湿画法，用色上要与天空统一中有变化，色彩要与天空背景相呼应，颜色清淡，一般是在天空着色之后，趁湿铺色，远山色的边缘线趁湿与天空色自然渗透产生朦胧富有韵味的效果，根据空气透视的原则，一般远山色性偏冷，山越远形态越模糊，可以用同类色稍加区别分出简单层次，让两色相融合又与天空有别。近景山受光线对于近山的受光面和背光面影响很明显，在用色时要根据山的明暗形态来分出大的块面走向，在第一遍铺色时，由于近景山画幅面积较大，也用湿画法。色彩上用一般用冷色来表现面积较大的暗面，暖色表现亮面，整体来说山顶部色彩与明暗对比强烈，上色时用干湿结合的方法，充分表现其体积感及丰富的颜色变化，底部色彩与体积要虚化，用湿画法，色彩倾向冷色，淡薄，过渡自然，与前景形成虚实对比，营造深远的空间感。最后做到远山时隐时现，雨雾弥漫与天际线相接，近山体块分明，色彩统一又富有变化。如图 8-16 所示。

2. 水

水景的描绘主要分动态水和静态水两种，画面中区分这两种水主要是通过波纹以及水中倒影的形态来区分。静态水对天空与周围环境反射最为明显，所以在画静态水时要充分考虑天空与环境对水的影响。在中景、远景水面上色时，用湿画法画天空的颜色和水面，色彩要薄而润，体现水天一色的生动性，在水与岸的衔接处的色彩还要考虑到水岸周围的山体、植物、建筑等等与水形成互融的映像，色调统一中有变化，内容丰富。在处理近景水岸关系时，用干湿结合的画法，用干画法表现近景的倒影，上色时要考虑到水面倒影物象的形态、颜色，上色时岸边室外色性偏暖，水中倒影偏冷，注意水面反光对倒影的影响。动水包括流水、瀑布等，表现这类水景时，注意留白，找出流水的规律，用色概括水流的柱体体积即可。如图 8-17 所示。

3. 树

建筑外景水彩写生中树是最常见的配景素材，相较于其他植物种类，树在体积和形态特征上具有明显的特征。各种植物的生长都是有规律的，在描绘的时候，我们要对这些生长规律有一些了解才能更好的概括，所描绘的内容也才具有生命力。当我们观察高大灌木的时候，通过树冠往往很难对树的具体位置进行定位，这是由于只见头不见脚的观察方式。

以湿画法为主的水彩与水粉塑造树的方式有很大不同，在常见技法画面中，水粉通过色彩叠加来塑造出近景、中景中树的形体，而水彩在塑造近景、中景的树时需要用铅笔起一个轮廓。首先，确定一个树的位置，起决定作用的是它的树干，先用铅笔将画面中树干的位置确定，将主干、枝干和树冠外轮廓归纳勾出，注意树干、树枝和树冠三者的关系就可以抓住树的主要形态特征。树起稿的时候需要注意的是，初学者往往在起稿中并不注意以下几点：第一，树干和树冠的比例关系，常见问题是，上完色以后发现树干过粗，树的形态没有一点美感。第二，树权之间的关系有交叉没有交错，很多初学者没有耐心，往往不去把树枝来龙去脉的交叉关系画清楚，导致树枝干和树冠的造型混乱，整体形体跑掉。如图 8-18 所示。

用铅笔确定树在画面中的位置和轮廓之后，对于远景的树用与背景相融的颜色归纳即可。在以树为主题的前景、中景画面中，树冠部分在上色时不要被纷杂的细节吸引，可以将一般树种的树冠整体看成圆形或几何圆形组合，区分出它们的受光面和背光面的素描关系，用大笔调色多加水概括树冠的受光面颜色，要注意边缘的虚实变化，运用同类色颜稍加色彩冷暖倾向或明暗来处理边缘，丰富而统一，变化自然。在亮面水分未干时，调少部分水画暗面，让画面明暗自然相融，待半干时可以用笔的侧峰对前景的叶子加以点缀。最后将树干和主枝归纳为简单的色调，稍加明暗以强调树干的圆柱体积。

8.5.3 建筑的水彩表现

建筑：首先要明确的是造型与色彩都是人工塑造的，这点与其他内容有本质不同，在写生中可以灵活运用。建筑类专业学生在大学期间进行户外写生的实习时，写生主体就是各种样式的建筑，而建筑色彩写生中又以民居和古典建筑居多，现代建筑由于造型几何，表达方式以渲染方式为主，相对于偏重艺术性表达的色彩写生来说描绘较少。对于建筑学相关专业的学生来说，在户外写生中首先要对这些建筑结构有一些了解，这也是建筑专业户外风景写生与其他专业的区别。

1. 古典建筑

古典建筑写生范畴主要是古典园林建筑，这类园林建筑包括亭、台、楼、轩、榭等等，以及依附于这些建筑所产生的窗、门、檐等等。除了建筑之外，山水树石与建筑之间的关系也是水彩写生中所要体现的人文精神所在，所以学生在色彩写生时，不仅要对这些建筑的结构、比例、造型特点、材质特点有明确的了解，还包括配景与建筑之间的构景关系以及文化内涵有一定的认知。如图 8-19 所示。建议在户外色彩写生之前，用钢笔画的形式彻底对这些建筑内外构造形式进行描绘。典型的古典建筑多为梁柱式木架结构，色彩纯粹、强烈，明暗对比尤为突出，从构图上讲，要注意色彩写生中建筑大的透视关系，在用色时，可以适度增加冷色系调和远景色彩，前景主观调和暖色，用冷暖对比产生深远的空间感。周围环境色与中景、远景的配景都采用湿画法来处理，前景主体建筑物采用干湿并用的画法，表现虚实空间，在天气晴朗的情况下，檐下斗拱投影及暗部的色彩非常丰富。整体来说，上色时灵活运用植物等配景的自然色彩形态与建筑的人工色彩形态对比来突出主体特征，依次达到虽然由人作，宛自天开的精神。

2. 民居

民居的特点可谓是多种多样，从造型上、功能上、颜色上都有着丰富的民族文化语言，从屋顶、墙面和材质方面的造型及颜色上加以区别，比如太行山区黄土高坡窑洞，江浙一带的白墙黑瓦等等。除了整体造型上区别明确之外，在构图上不同疏密关系往往也是表达民居群落的一个主要内容，在上色时，除了整体色调统一之外，屋顶和墙面的交界往往是刻画重点，民居建筑与园林建筑一样，需要矮墙、草堆等配景内容强化当地色彩文化情感表达。如图 8-20 所示。

3. 现代建筑

写生的目的除了了解对象之外，更多的是体会和感受自然，绘画艺术往往体现在朴实的生活中。如图 8-21 所示。现代建筑造型虽然脱胎于艺术，但更多的体现着设计美学的情感，在绘画塑造方面，由于形态抽象过于简化，过多的强调功能整合，一般色彩户外风景写生较少涉猎，更多是运用色彩渲染、马克快速表现来表达。这些对于建筑类专业的学生来说是必修的课程。如图 8-22 所示。

8.6 水彩风景写生

1. 起稿构图

水彩风景写生起稿构图与水粉风景写生大体一致，设色的过程与水彩静物也大致相同。首先是静下来观察和选景，这一步中要考虑景物主体与周围配景的关系，在画面中用横构图还是竖构图，光线对整体画面色调的影响，画面内容之间前后空间关系等等，这一步选择最佳的作画角度和视点，别随手定稿，以免作画过程中出现改动。用铅笔简练概括写生景物的形体、比例和结构特点，确定构图和透视关系准确。注意尽量不用橡皮或少用，避免伤纸面。下面我们以漆德琰老先生水彩风景写生步骤为例进一步解读。如图 8-23 所示。

2. 铺大色调

由于外景的光线变化快，因此上色之前要仔细观察景物，把握好色彩的第一感觉，做到心中有数。用湿画法将大面积的天空画出，然后再过渡到画面的远景，使天空与远景色彩自然衔接，力求整体。这一步可以用清水湿润一下纸面的上半部分，用大笔迅速铺天空色，要注背景天空色彩要富有微妙变化，远离景物的颜色较深，色相明确，色性偏冷，接近景物颜色较浅，要考虑与景物色彩之间的衔接，色性偏暖，颜色互溶。然后用较薄的颜色画出中景、近景，体现各景物之间的大的明暗、虚实、对比色彩关系。这一步不要拘泥于细节，大面积的铺色，注意色彩远景的关系变化。如图 8-24 所示。

3. 深入刻画细节

刻画中景和近景，其中画面中景部分最为重要。深入刻画要对景物进行取舍和概括，可以用一些小笔，在造型上做进一步具体、深入的刻画。在这一步，与表现主题无关的静物要进行弱化或舍弃，集中精力对风景写生中的主体景物刻画充分，使其成为画面最精彩的部分。整体色彩关系上要加强对比，审视画面构图，注意高低、动静、疏密的景物搭配，在整体色彩关系考虑的情况下突出主题的色彩特性。如图 8-25 所示。

4. 整体调整

在保持整体画面的基础上，对局部细节进行调整。从远中近三个层次出发，对比画面景物色彩空间关系是否协调，强调画面的视觉中心。这一步对于主题内容局部要加强对比，可以使用干画法来塑造强烈的体积关系，细节刻画丰富，符合整体的色彩关系。忌整个画面面面俱到，显得匠气，在最后调整大关系，要保持对风景最初的色彩感受。如图 8-26 所示。

小结

本章着重介绍水彩工具、技法和作画步骤，通过对水彩调和方式、色彩叠加和绘制过程的学习与训练，掌握水彩写生的特点与规律，从而提高对色彩的审美修养。

本章重点学习内容提示

1. 水彩着色方法
2. 水彩静物、水彩风景写生步骤

本章作业安排

1. 用水彩完成静物临摹 1～2 幅，纸张 A2。
2. 用水彩完成静物写生 1～2 幅，纸张 A2。
3. 用水彩完成场景临摹 1～2 幅，纸张 A4。
4. 用水彩完成场景临摹 1～2 幅，纸张 A4。

第9章
作品范例

图 9-1 水粉 俞进军

图 9-2 苍山韵 水粉 王新荣

图 9-3 老街 水粉 王新荣

图 9-4 宏村风景 水彩 王学

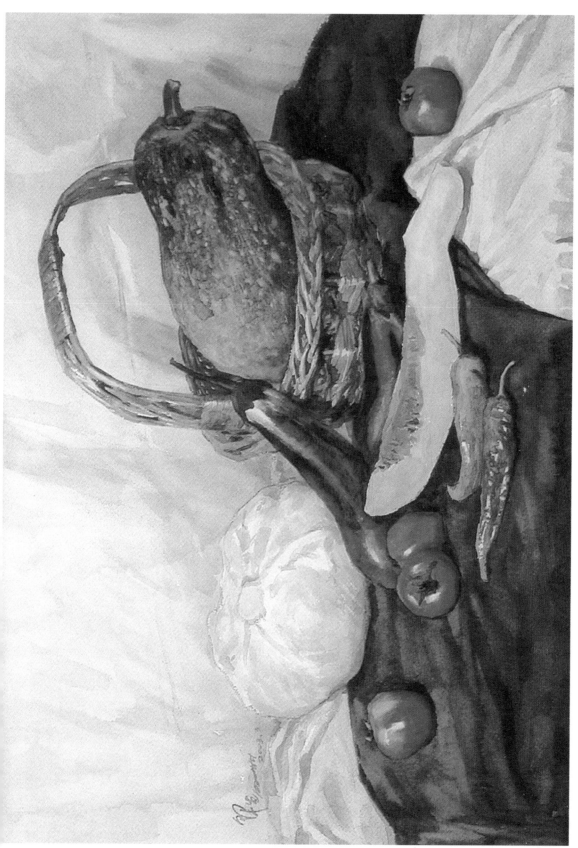

图9-6 静物 陆铎生

图9-7 有衬布的静物 吴兴亮

图 9-8 河畔 水彩 张涛

图 9-9 北京西山香界寺鼓楼 水彩 章又新

图9-10 水彩 华宜玉

图9-11 乡村记忆 水彩 毛树卫

普通高等院校城乡规划专业系列规划教材 ▍ **建筑美术基础**

图9-12 深秋 水彩 华宣玉

图9-14 秋韵 水彩 刘凤兰

附图

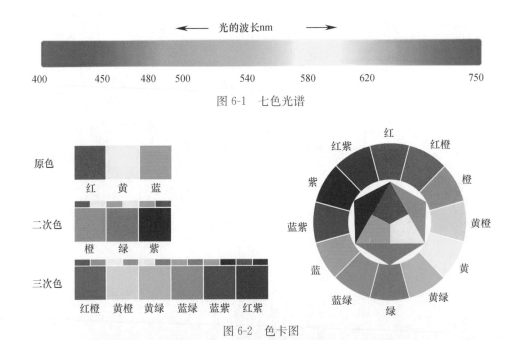

←── 光的波长nm ──→

400　　450　　480　500　　540　　580　　620　　750

图 6-1　七色光谱

原色

红　　黄　　蓝

二次色

橙　　绿　　紫

三次色

红橙　黄橙　黄绿　蓝绿　蓝紫　红紫

图 6-2　色卡图

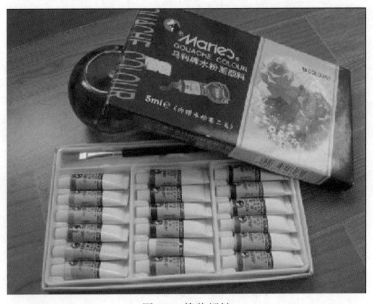

图 7-1　管装颜料

图7-2 水粉 俞进军

图7-4 水粉 俞进军

图7-6 前门箭楼 魏敏（临摹） 华宜玉

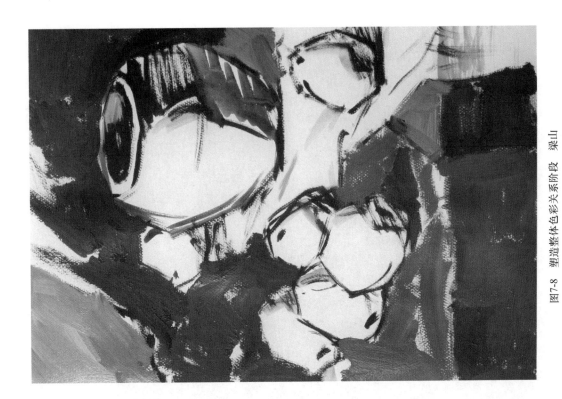

图7-8　塑造整体色彩关系阶段　梁山

图7-7　起稿阶段　梁山

图7-10 静物背景色处理 梁山

图7-9 局部笔触 梁山

图 7-11　局部刻画一　梁山

图 7-12　局部刻画二　梁山

图 7-13 深入刻画阶段 梁山

图 7-14　水乡人家　王新荣

图7-15　周城　王新荣

图 7-16　实景照片

图 7-17　起稿阶段　王新荣

图 7-18　把握整体关系、铺大色调阶段　王新荣

图 7-19　深入刻画阶段　王新荣

图 7-20　统一调整阶段　王新荣

图 8-2　水彩　范蕾（照片改绘）

图8-3 安仑 写生组画

图8-4　皖南民宅　杨义辉

图 8-5　故居　章又新

图 8-6 起稿阶段 谢宁宁

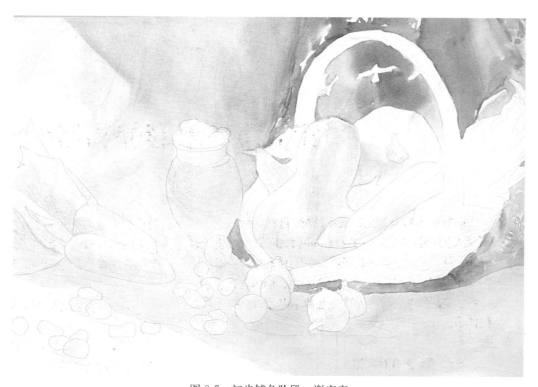

图 8-7 初步铺色阶段 谢宁宁

图 8-8　深入刻画阶段　谢宁宁

图 8-9　丰年　谢宁宁

图 8-10　水彩静物写生作品　魏敏

图 8-11　水彩静物写生作品　魏敏

图8-13 水彩风景写生作品 王诗漾

图8-15 北方的雪之二 严红林

图8-16 山 何启陶

图8-17 雨后漓江 马骏

图 8-19　水彩建筑写生作品　高珊（改绘）

图 8-20　书皮屋　田宇高

图 8-21 水彩现代建筑写生作品 范蕾（改绘）

图 8-22 魁北克 Jin 度假村 章又新

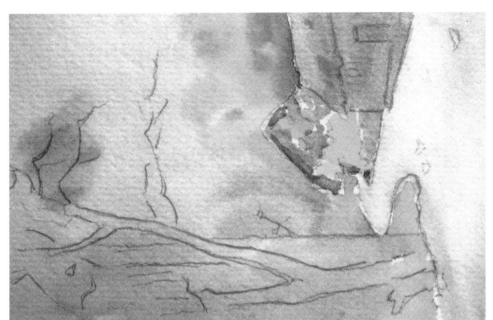

图8-24 铺大色调阶段 漆德琛

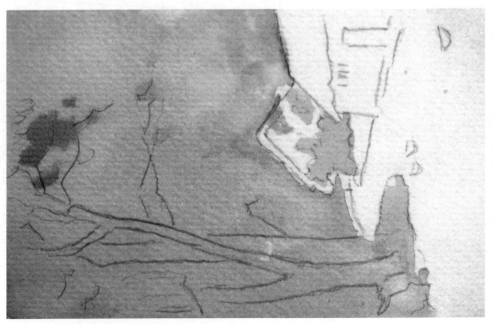

图8-23 起稿阶段 漆德琛

图8-26 乡村秋色 漆德琰

图8-25 深入刻画阶段 漆德琰

参 考 文 献

[1] 石宏义．园林设计初步［M］．北京：中国林业出版社，2006．

[2] 李素英，刘丹丹．风景园林制图［M］．北京：中国林业出版社，2014．

[3] 陈华新．几何体静物素描［M］．上海：同济大学出版社，2009．

[4] 刘凤兰．清华大学建筑学院素描教程［M］．北京：中国建筑工业出版社，2010．

[5] 王冬梅，张志强，张向荣．结构设计素描［M］．北京：中国电力出版社，2010．

[6] 白雪松．结构与光影［M］．重庆：重庆大学出版社，2014．

[7] 颜培．石膏几何体［M］．重庆：重庆大学出版社，2014．

[8] 陈紫阳，彭源星．素描静物基础［M］．重庆：重庆大学出版社，2014．

[9] 石鹏翔，王宇．设计素描教程［M］．吉林：吉林大学出版社，2011．

[10] 夏万爽，雒薇嘉．建筑美术基础［M］.2版．北京：中国电力出版社，2009．

[11] 卢国新．建筑速写写生技法［M］．河北：河北美术出版社，2010．

[12] 胡艮环．景观表现教程［M］．杭州：中国美术学院出版社，2010．

[13] 安宁．色彩原理与色彩构成［M］．杭州：中国美术学院出版社，1999．

[14] 吴兴亮，高文漪．园林水彩［M］．北京：中国林业出版社，2005．

[15] 高冬．章又新水彩艺术［M］．北京：中国林业出版社，2011．

[16] 高冬．华宜玉水彩艺术［M］．北京：中国林业出版社，2014．

[17] 漆德琰．漆德琰水彩画作品与技法［M］．成都：四川美术出版社，1988．

[18] 漆德琰．水彩建筑美术［M］.2版．北京：中国建筑工业出版社，2004．

[19] 王新荣，王骋宇，张新龙．水粉画风景写生［M］．重庆：重庆大学出版社，2013．

[20] 刘昌明，谢宁宁．水彩画技法［M］．北京：中国纺织出版社，2004．

[21] 杨毅柳．色彩写生［M］．北京：中国青年出版社，2013．

[22] 俞进军．建筑水粉表现技法［M］．北京：清华大学出版社，2011．

[23] 孙乙峰，李雁．色彩静物［M］．重庆：重庆大学出版社，2014．

[24] 马骏．水彩风景技法［M］．武汉：华中科技大学出版社，2013．

[25] 梁山．水彩画与水粉画［M］．成都：成都时代出版社，2012．